灵感+

现代平面元素剖析

the anatomy of design

（美）史蒂文·海勒（Steven Heller）迈克·尼可（Mirko Ilic）编著
马 静 译

大连理工大学出版社

图书在版编目(CIP)数据

灵感+：现代平面元素剖析 / (美) 海勒 (Heller,S.)，(美) 尼可 (Ilic,M.) 编著；马静译. — 大连：大连理工大学出版社, 2010.3

ISBN 978-7-5611-5384-0

I. ①灵… Ⅱ. ①海… ②尼… ③马… Ⅲ. ①平面设计—作品集—世界—现代 Ⅳ. ①J534

中国版本图书馆CIP数据核字（2010）第023576号

出版发行：大连理工大学出版社

(地址：大连市软件园路80号　邮编：116023)

印　　刷：利丰雅高印刷（深圳）有限公司

幅面尺寸：185mm × 270mm

印　　张：10.5

出版时间：2010年3月第 1 版

印刷时间：2010年3月第 1 次印刷

责任编辑：初　蕾

责任校对：肖　彦

封面设计：温广强

ISBN 978-7-5611-5384-0

定　　价：68.00元

电 话：0411-84708842

传 真：0411-84701466

邮 购：0411-84703636

E-mail: designbook@yahoo.cn

URL: http://www.dutp.cn

如有质量问题请联系出版中心：（0411）84709246 84709043

前　言

平面设计是一个由众多元素和灵感相互影响而构成的综合体，而平面设计技法、方式和各种风格的出现要受到科学技术发展程度或社会文化需求的制约。在19世纪末期，为了满足新兴商业文化的需求，广告艺术开始出现，并成为所有现代平面设计立足的基石。工商业的发展催生了平面设计，因此平面设计的宗旨在于吸引公众的注意力，并说服公众进行消费。设计师们往往会无意识地遵循这些设计惯例、风格和技法，直到有新的内容取代它们。

从考古学的角度来看，平面设计的历史就是一幅具有代表性的剖面图，揭示了不同时期的特点和风格。设计师们每隔十年，有时每隔一年或一个月就会推出一些与众不同的表现形式，而这些表现形式在用过一段时间之后就会被抛弃。这一点与其他涉及流行时尚的行业一样，过气的平面设计作品受到冷落，直到被敢于探索的先锋人士发现，再作为“新”的灵感源泉重新注入设计界。如今，旧元素可以迅速变成新元素，而在眨眼之间，又再次沦为旧元素。无论如何，每次的新旧轮换都会为不断扩展的现代设计语汇增添新的内容。

虽然其象征意义有可能被混淆，但所有的平面设计元素就如流淌在血管中的血液一样，滋养着设计领域，无论人们在何时或者最初是出于何种目的而创作出这些艺术形式的。将此概念加深一步，若从解剖学的角度来看，一件平面设计作品就是由许多不可或缺的部分构成的一个整体。剥开表皮后，我们会发现支撑着相互作用的各个部分的骨架，去除其中任一部分都将会导致设计的“病理”变化。当然，无论组成部分如何，最重要的是设计结果，但是了解设计的内在机理将有助于设计师欣赏其工艺的复杂性。解剖学可以使我们不仅知道胫骨与股骨相连，而且还能进一步了解身体机能和运动原理。在平面设计领域内运用这种解剖学观点可以概括出某一件设计作品的物理和基因构成。在海报、包装、图书封面或广告牌等作品表面之下隐藏的元素，即所谓的“创造性因子”，决定并定义了设计作品的基因。

在本书中，我们精选了41例平面设计作品，并对它们逐一进行剖析，以揭示其中隐藏的设计元素和设计灵感。尽管并不一定都是业内最广为人知的或最著名的平面设计作品，但是它们都含有典范作品的“基因密码”。它们就是一些带有明显或隐约现代风格的工艺品，构思精巧，工艺精湛，暗藏珠玑。有些貌似复杂，但仅凭肉眼即可发现其中隐藏的典型元素；而有些看似如此简单，让人难以相信后面还隐藏着独特的设计灵感。我们的编写形式是展示出重要设计作品的大型复制品，目的不是对作品进行划分，而是要着力发现不同作品中可能存在的对相同设计元素的不同应用，包括自觉或不自觉地应用于最终作品中的元素。实际上，这类设计元素比比皆是。

但是，我们怎么能肯定设计师们是否分享过典范作品中的设计元素或承认自己借鉴过某些作品呢？在大多数情况下，我们是给出自己的结论，因为本书并非出自设计师的传统案例分析，而是出自业内鉴赏家的分析批评。在可能的情况下，我们也向相关设计师确认我们的看法，但这并非必须为之。有时候，实际上在大多数时候，设计师们并不了解其作品的渊源。保罗·兰德（Paul Rand）就曾经说过，人们总是先设计出作品，然后再去找理由证明它。而且，概念与图像就在空中自由地“漂浮”，在被设计师“吸入”后才成为循环系统的一部分。当出现在作品中时，可能设计师自己也不知道它们从何而来。因此，我们通过观察界定出构成整体设计作品的各个部分，然后对其进行分析、拆解和展示，这样，作品中的设计元素和设计灵感就从这个解剖过程中跃然而出。

目 录

圣文森医院救护车

设计师：Doyle Partners

标识是体现和传播公司精神和雄心抱负的充满感情的符号，这个符号中所蕴涵的丰富意义既不应被低估，也不应被推崇至极。无论标识的外形是令人惊异还是优雅漂亮，它的好与坏最终只与自身所代表的实体相一致。可以肯定的是：没有一位设计师要刻意设计一个平淡无奇的标识。从本质上说，标识必须要展现视觉的力量，必须是一个有助于记忆，能引起人们产生感情共鸣的符号。在使用时要给人留下深刻的印象，在离开人们的视线时又必须能让人感觉历历在目。当然，标识可能由于企业并购，或者仅仅因为企业或组织想改变自身形象而发生变化，总之，它是自身形象的绝佳代言人。

当 Doyle Partners的汤姆·克鲁芬（Tom Kluepfel）和史蒂文·道尔（Stephen Doyle）接到为纽约圣文森医院重新设计标识的任务时，委托方要求将这家已经与另外8家医院合并的机构的所有特征都统一到一个主题之下。因此，设计师们寻求将新标识建立在社区对医院已有认知的基础之上，并表现出医院新的发展。该标识的基本符号来源于经典图形，而所有的医院都有相同的天主教传统和象征符号——颜色、十字、盾形。起初，克鲁芬认为盾形过于常见，因而反对采用这个图形，但后来他认为，熟悉的事物可以让人心生慰藉之感，而且它从某种程度上来说传递了一种积极进取的态度。

十字图形和盾形都是极具历史意义的设计元素。盾形图案的历史最早可追溯到公元前，它是十字军东征的象征符号。现在，盾形已经成为权威的象征，例如，警徽采用的也是盾形图案。用平面设计的术语来说，盾形构成了视觉创意的框架，就像形容词一样，修饰了基本概念，在这里这个概念就是代表慈善修女会的十字图形。

救护车是医院标识系统中最公开化的表达方式。粗体箭头的历史几乎与盾形一样古老，据称是最早的，也是出现在所有文化中的图形符号。无论指向何方，它都暗示着一种动作，隐含着冲刺、动机和结果。救护车本身即是一种广告，其车身图案就如同一个移动的广告牌，必须醒目、清晰、无误，让人能够一目了然，同时还能提升其所属机构的形象。这些富有表现力的视觉展示与一辆 UPS 快递车的车身展示有异曲同工之处，因为它们的设计原则是完全相同的。经过这些设计元素的融合，这辆救护车就如同一位肩负着特殊使命的十字军战士一样。

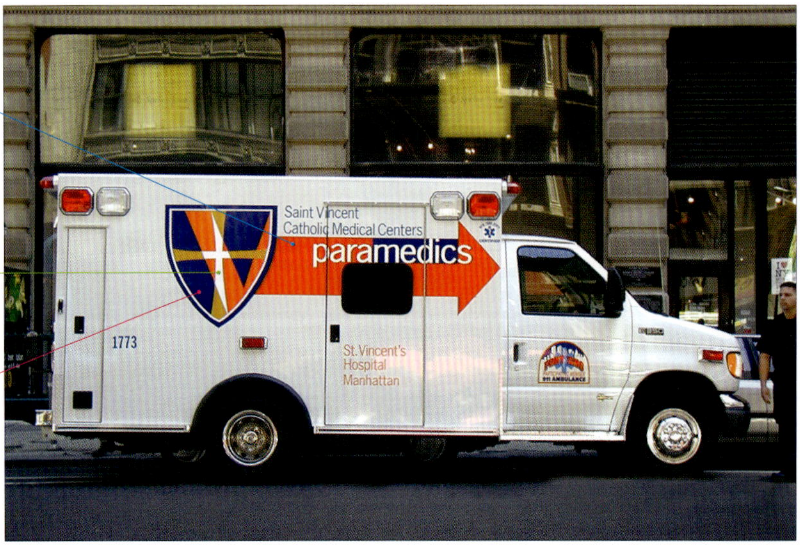

盾牌

1. 圣殿骑士团盾牌，11世纪
2. 美国圣公会教堂的盾形纹章，18世纪
3. 蓝十字会的标识，1939年
4. 基督教救世军的标识，1940年
5. UPS（联合包裹服务公司）的标识，1961年
6. BP Shield的标识，1968~1970年
7. 纽约China Grill创意餐厅的标识，1986年
8. 纽约新学院大学的标识，1993年
9. 鹿特丹的盾形纹章，视觉识别，2001年
10. 百老汇音乐剧《Movin’ Out》的标识，视觉识别，2002年

1

2

3

4

5

6

7

8

9

箭头

1. 包豪斯的朋友圈，商标，1924年
2. 《No Way Out》的电影海报，设计师将摄影术、印刷术、符号、平面图形与白色背景融合起来，这与典型的电影海报形成了鲜明的对比，1950年
3. SBB公司的标识，1972年
4. FedEx（联邦快递）的标识，标识中字母E和字母x之间的空间营造了一个潜在的箭头，1973年
5. Joe Henderson《In'n Out》专辑的CD封面，1989年
6. City Trail（城市轻轨）的指示标志，1992年
7. Reno Cooking Conveyors 3的标识，2000年
8. 虚拟的高速公路指示标志，2002年
9. BBX快递公司的标识，2005年

彩绘玻璃效果

1. 西班牙塞维利亚大教堂的彩绘玻璃窗，15世纪~16世纪
2. 现代彩绘玻璃窗
3. Alfieri & Lacroix（艾法利&拉科鲁瓦）的广告，1963年
4. Advertising（广告），讲座的宣传海报，1998年
5. Millennium Images（千禧影像），标识，1999年
6. Light Years（光年），海报，1999年
7. Paul Auster系列图书的封面，为Paul Auster25周年纪念设计的一套包装系统，2006年

1

2

3

4

5

6

7

1

2

3

4

车身广告

1. 英国Express Dairy公司，1882年
2. 米其林（Michelin）宣传车，20世纪20年代后期
3. Philips Radio（飞利浦收音机）广告卡车，1928年
4. Coke（可口可乐）运货卡车，20世纪80年代

布雷克

设计师：Trio/Fabrika

迪诺·梅林（Dino Merlin）是一位著名的波斯尼亚歌手，Burek（布雷克）是其CD唱片的标题，这是一种螺旋状的夹肉馅饼的名字，是波斯尼亚非常著名的一种特色小吃。将整张CD的音乐和图形设计以“布雷克”为基础看起来是一个奇特的主题，但是，当我们将其简化为基本的图标时，“布雷克”就成为了一个能够让人们记住的标识，因为在波斯尼亚，这是一个尽人皆知的物品。与许多全球知名的标识一样，简洁是该设计的主要特色——将文化意义和视觉展示都压缩进一个看似抽象的容器中。也许并非所有人都能在第一时间理解“布雷克”的字面含义，但鉴于眼下许多CD封套上都使用了体现极简主义的符号，因此，这种图形本身也反映出了一种当代精神。

实际上，这个标识蕴涵着复杂的视觉叙述，这些都将随着CD的打开而呈现在人们面前。直到那个时候，我们才明白原来梅林的唱片是在赞美，也可能是在讲述快餐、快餐文化、快节奏，以及政府、社会和文化从一种生活方式转向另一种生活方式的速度。这是一种宏观意义上的诠释。而在微观层面上，CD的设计显然是模仿了现代主义者的视觉语汇——特别是那些在CD、海报等众多时尚设计项目中反复出现直至令人生厌的国际化的视觉符号——但同时又对这些设计的愚蠢进行了评论。

简约作为一种平面设计手法，当然也有其盛衰期。1968年，披头士（Beatles）乐队的《White Album》专辑之所以得名是因为其纯白色的封面上绝无它物。这一设计成功地证明了当极简主义被发挥至极致时，它甚至比带有文字和图像的黑胶唱片更引人注目。简约的风格可以在大量繁复的设计作品中脱颖而出，取得最佳的表现效果。

此外，这个设计还借用了传统的教学图表，这是近来已经成为一种流行趋势的插图修辞法。在CD的内页上印有一个分步简图，用传统的波斯尼亚俚语尽量简洁地说明制作“布雷克”的步骤。几乎没有什么平面设计流派能比这些线性指南更易识别，同样，也很少有比它更难以辨认的，而这正是其获得幽默家青睐的原因所在。这个也许有用的简图说明了就连日常生活中最复杂的一面也可能被简化为一二三步，而这似乎正是设计师所要批评的一点。

用图标做封面

教学图表

交叉排列

坚定的姿势

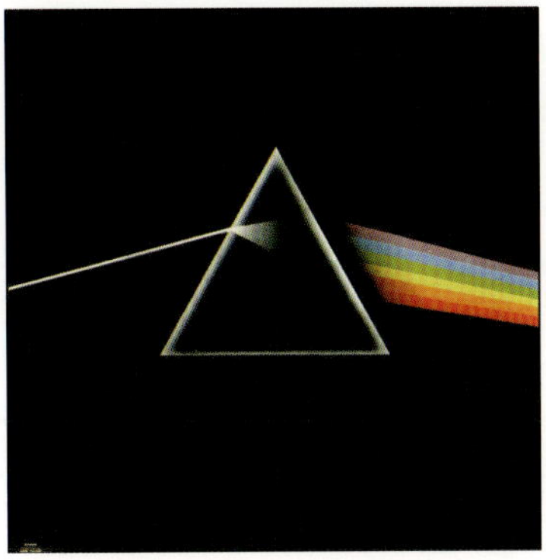

1

2

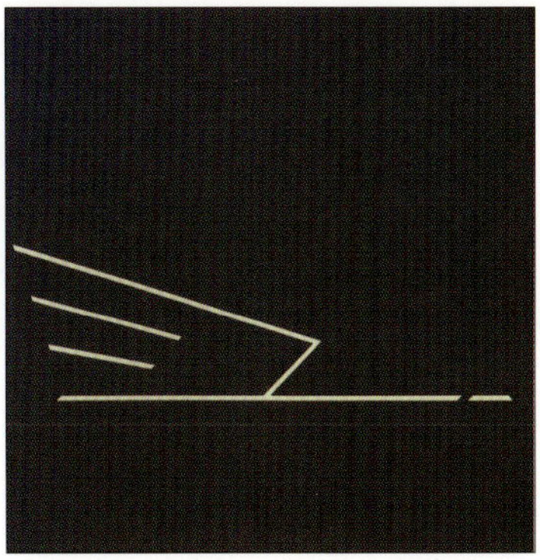

3

4

5

6

7

8

9

用图标做封面

1. Pink Floyd《Dark Side of the Moon》（月亮的黑暗面）专辑的黑胶唱片封面，1973年
2. Kraftwerk《Autobahn》（高速公路）专辑的黑胶唱片封面，1974年
3. Wild Swans《Revolutionary Spirit》（革命精神）专辑的黑胶唱片封面，1981年
4. King Crimson《Three of a Perfect Pair》（完美三兄弟）专辑的CD封面，1984年
5. Rolling Stones《Flashpoint》（引火点）专辑的CD封面，1991年
6. Gay Dad《Leisure Noise》（慵懒的噪音）专辑的CD封面，1999年
7. Medicine Drum《Supernature》（超自然）专辑的CD封面，2001年
8. Thievery Corporation《The Richest Man in Babylon》（巴比伦富翁）专辑的CD封面，2004年
9. Orbital《Blue Album》（蓝色专辑）的CD封面，2004年

1

2

3

4

5

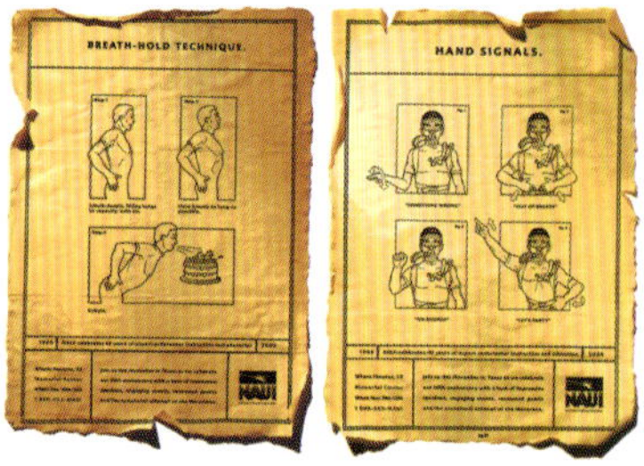

6

7

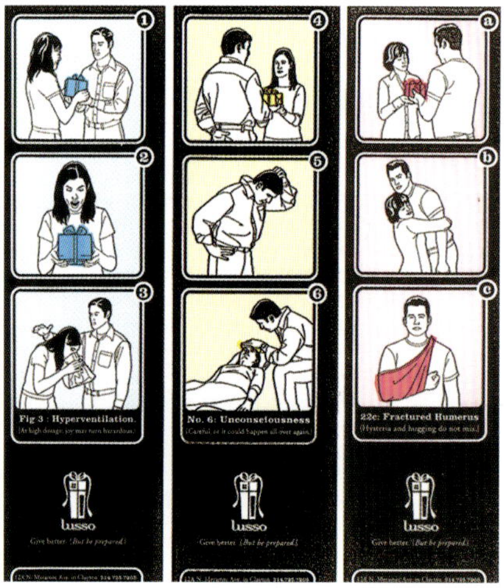

8

9

教学图表

1. ROSTA Window No 132的海报，1920年
2. 关于预防原子武器、化学武器和生化武器的基本信息的海报，1970年
3. 纽约地铁贴纸，这些贴纸看起来与纽约大都会运输管理局（MTA）传统的指示标志类似，应用在穿行纽约的地铁列车上，1994年
4. Seasons Greetings, Happy Holidays（节日的祝福，节日快乐）宣传单，1994年
5. Prepare To Wear Highest Heels（准备穿高跟鞋）时尚广告，2001年
6. Breath-Hold Technique（屏住呼吸的技巧），Hand Signals（手势信号）宣传海报，2001年
7. 电影《Maria Full of Grace》（万福玛丽亚）的海报，2004年
8. Give better, but be prepared（给予更好的，但要准备好）的广告，2004年
9. For your safety（为了你的安全），汉莎航空公司教学图表

交叉排列

1. 保卫彼得格勒（列宁格勒）的石版画，1919年
2. 西班牙共和国抵抗内战威胁的海报，1937年
3. Kraftwerk《The Man Machine》（人形机器）专辑的黑胶唱片封面，1978年
4. 《Let’s Put the Future Behind Us》图书封面，1994年
5. CCCP衬衣，“每件阿迪达斯都有一个故事”活动的一部分，广告，2001年
6. 《Adbusters》杂志2006年日历，2006年

1

2

3

4

5

6

1

2

3

坚定的姿势

1. I am Telling You（我告诉你）海报，这张海报是为了宣传军事储蓄邮票，用于筹集超过10亿美元资金，1918年
2. R.T. French公司的视觉识别标识，1976年
3. 明尼苏达坎宁山谷罐头公司，后改名为绿巨人公司的视觉识别标识，1928年

美国印制

艺术总监/设计师：Emek

虽然世界上没有两个指纹是相同的，但是指纹在平面设计中却是一个非常古老的而且被反复使用到的图形。除了抽象性之外，指纹还具有丰富的象征意义，可以暗示从个性到犯罪等多种概念。通过不同的变换方法，指纹可以从表面化的图形轻松转变为具有隐喻性的物体，如变成一个头像、一片云彩或者一道田垄。指纹是获得图形双关效果的完美工具。

由约瑟夫·伍德兰德（Joseph Woodland）在1952年发明的普通商品代码（UPC）或称条形码具有类似的独一无二又随处可见的特点。在20世纪晚期，由电脑生成的条形码取代了指纹成为身份和个性（或缺乏个性）的主要象征。在许多时候，它可以被用来隐喻监禁、统治和经济等概念。

指纹是一些轮廓线的随意组合，因此看上去有些混乱无序，而条形码重复的垂直线条使其看起来更机械化，也更使人难忘。现行法律规定，所有批发零售商品都必须带有条形码，因此在包装或者封面设计中，为了增加条码的趣味性，设计师往往会把它们设计成花柄或枪筒等形状，甚至偶尔把直线画成波浪线。但有一点需要注意：即使它被赋予更多的特征，也仍然是社会编制的一种标记。

在这幅海报中，设计师批判了这样一个事实，即美国政府及其安全机构正在不断加强对个人信息的控制。实际上，设计师还借用了另一个在设计中常用的双关手法——以数字代替字母来再现两个同时并存的概念，即50C1AL 5Y5T3M代表SOCIAL SYSTEM（社会系统）。设计师曾经说过，这幅海报是献给美国2004年大选期间的全美普通民众的，旨在激发公众对个人隐私问题的关注。

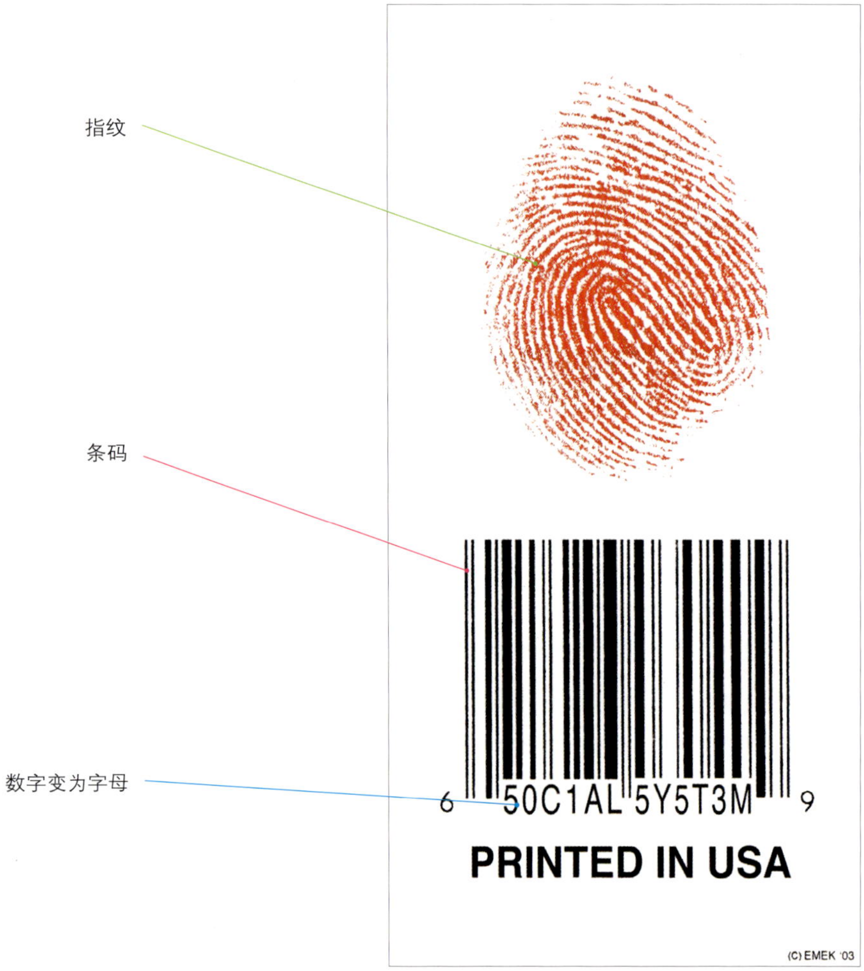

1

2

3

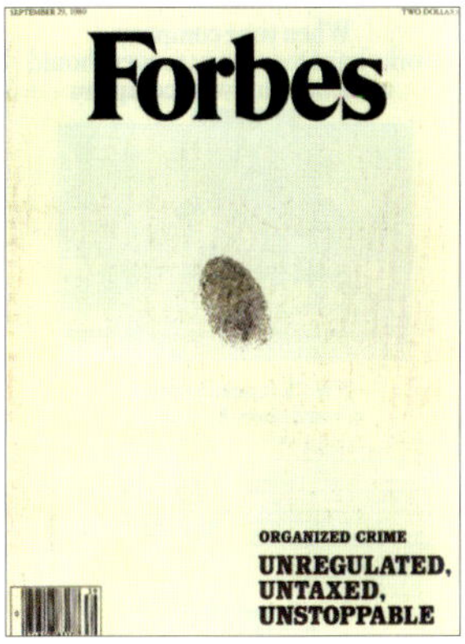

4

5

6

7

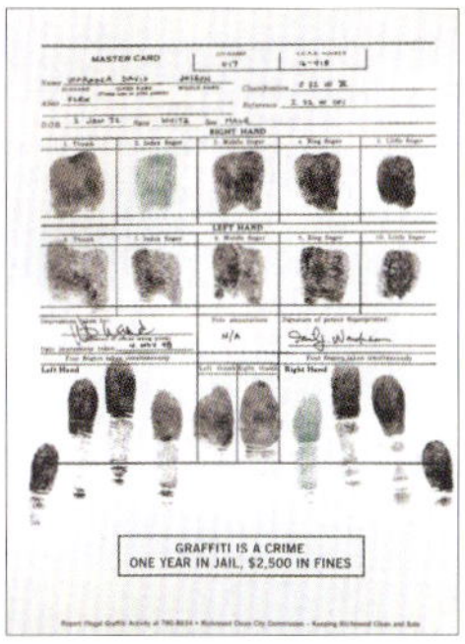

8

9

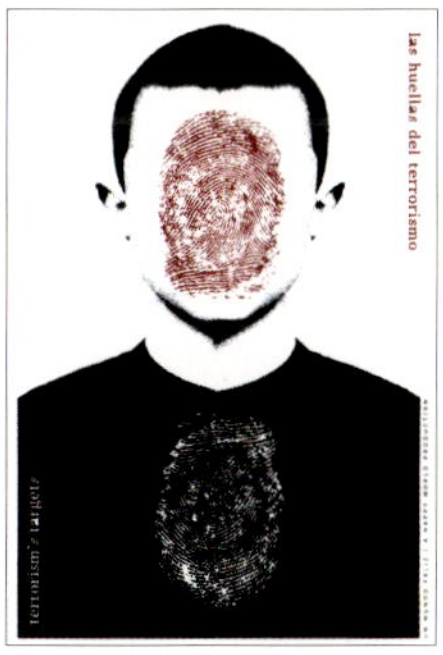

10

指纹

1. Neighborhood Fingerprint Station海报，20世纪40年代
2. The Passport（护照）绘图，1954年
3.《Onkel-Onkel》（叔叔，叔叔）的海报，1966年
4.《福布斯》杂志封面，1980年
5.《Chicago XIV》唱片封面，1980年
6.《Zweifel an Freud》（质疑佛洛依德）封面，Michael M. Prechtl以用手掌和指尖进行插画创作而闻名，1984年
7.《Graphis Logo 1》（图形标识1）图书护封，1991年
8. Graffiti Is a Crime（乱涂乱画是一种犯罪）海报，1998年
9.《Wildlife & Identity》（野生动物和特性）年报设计，这是为动物保护组织设计的年报，强调了人类的特性与野生动物是有联系的，1999年
10.Terrorism’s Targets（恐怖主义的目标）明信片，2006年

1

2

ALL-AMERICAN THEORY

3

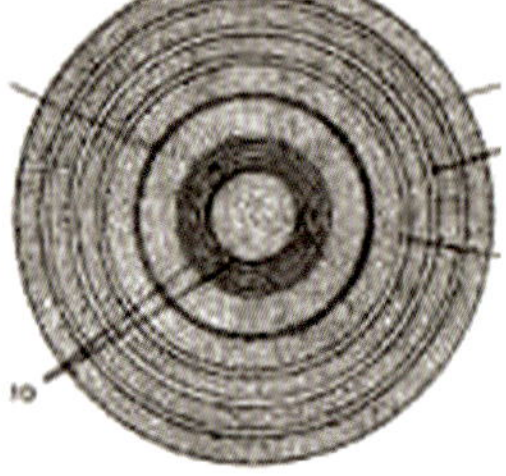

4

5

6

7

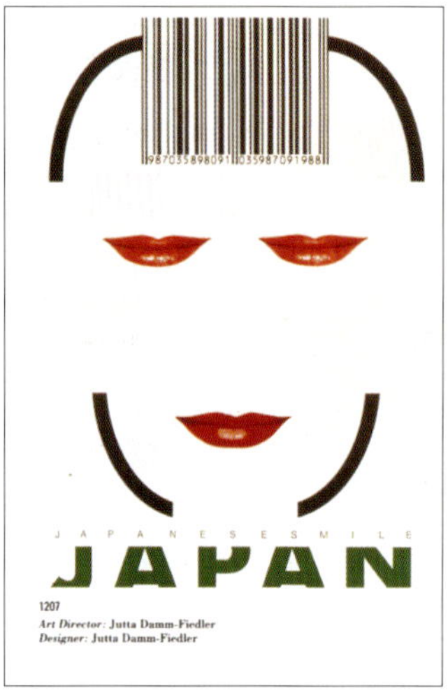

8

9

10

11

12

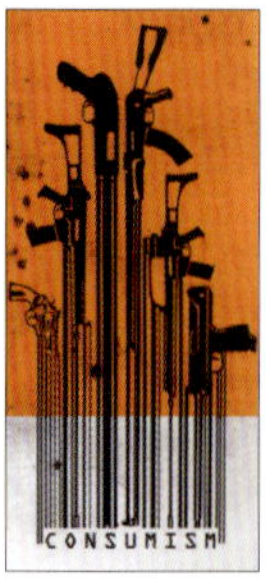

13

条码

1. Clinomyn吸烟者专用牙膏的标识，1992年
2. Museum Event（博物馆活动）标识，1995年
3. All-American Theory（全美的理论）标识，2004年
4. Eye of the Swan葡萄酒和伦奇商店五金器具的条码设计，1986年，1993年
5. Supply Chain（供应链）标识，1996年
6. Bar code（条码）专利图样，1958年
7. 《Print》杂志封面，1984年
8. Japan海报，1988年
9. 《纽约客》杂志封面，1988年
10. Kreatura'99波兰广告设计竞赛海报，1999年
11. The World is Full of Generic Mass Produced Homogenized Products. Don't Become One（这个世界充斥着普通的大量制造的单一的产品。不要成为其中的一员）海报，2001年
12. Bar code tattoo（条码纹身），2002年
13. C.O.N.S.U.M.I.S.M.（消费主义），2004年

1

SASSOON

2

Mike+The Mechanics

3

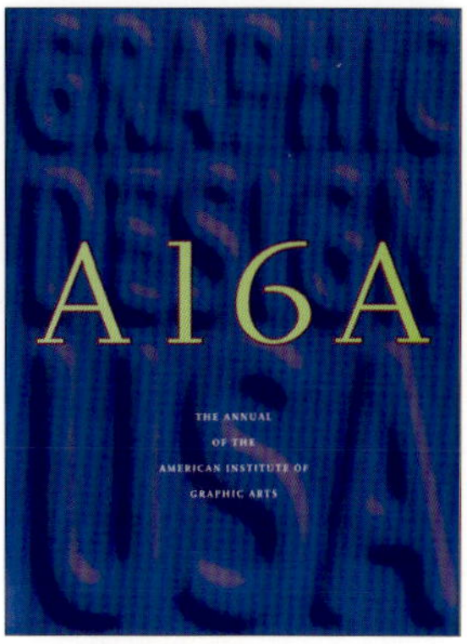

4

1969-1999 11 APOLLO 30TH ANNIVERSARY

5

Grider + CO
Grider + Co, P.A.

6

SEVEN2

7

9

QUINTET

10

90560

8

1ST CHOICE

11

JESUS

12

Boston
PROFILED

13

4mula®

14

CH1CAGO
VISIONS

15

数字变为字母

1. 《Inflation》（通货膨胀）封面，1972年
2. SASSOON（沙宣）标识，沙宣公司50周年展览的标识，1992年
3. Mike & The Mechanics乐队的标识，1991年
4. 《AIGA Graphic Design USA 16》（美国平面设计协会年鉴16）封面，1994年
5. 阿波罗11号30周年标识，1999年
6. Grider & Co标识，1999年
7. Seven2（一个年轻服饰品牌）标识，2002年
8. 90560（Yosho）标识，2000年
9. 《Circular》杂志第10期的系列海报，2002年
10. Quintet（五重奏）标识，2002年
11. 1st Choice（第一选择）标识，人力资源规划项目的标识设计，2002年
12. Jesus（耶稣）标识，这个标识是为教堂的青年团体设计的，应用于出售的T恤上，2005年
13. The 4mula Product Line标识，2004年
14. Boston（波士顿），这是为美国平面设计协会设计大会的出版物设计的封面标识，2005年
15. Chicago 10 Visions标识，2005年

认识世界

设计师：Icaro Doria

旗帜（flag）是15或16世纪时的日耳曼语词汇，意指“一块展示符号或徽章的布”，能够激发人们各种情感的一件鼓舞人心的物品。虽然旗帜的出现时间久远，但是它却浸润了现代平面设计的精神——少即是多。对于国旗而言，颜色和形状是其主导的设计元素——不必借助其他工具就可以进行叙述。当国旗在空中飘扬时，这些原本简朴的布料比其他任何设计对象都更为直接地传递着爱国主义信息。

Icaro Doria是一位巴西艺术家，他通过国旗来表现社会问题。他在网站上解释说：“我们开始调查相关的全球性时政热点问题，并产生了给国旗颜色赋予新含义的想法。”他以来自联合国网站的准确数据为基础，将国旗用为生动表现重大社会问题的工具，例如，非洲对待妇女的暴力问题、巴西的社会不平等、哥伦比亚的毒品走私、安哥拉的艾滋病和疟疾等。这些图片通过连锁电子邮件传播到全球各地。

这个创意非常简单，即每面国旗代表一个主题，例如，美国国旗表现的是国内对于伊拉克战争的意见分歧、巴西国旗表现的是不同家庭的基本收入，而安哥拉国旗表现的是传染上疾病和有条件接受治疗的人口。每面国旗上的颜色代表一个特殊的人口统计资料，例如，美国国旗上的红色代表赞成伊拉克战争的人口，白色代表反对伊拉克战争的人口，蓝色代表不知道伊拉克在哪的人口；巴西国旗上的绿色代表月收入不到10美元的人口，白色代表月收入10万美元的人口；安哥拉国旗上的红色代表患艾滋病的人口，黄色代表有途径接受治疗的人口。

这是一种新颖的传达批评性信息的方式。自20世纪80至90年代开始，平面设计师们往往以幽默的方式借助传统和非传统手段展现并诠释原始数据，因此，报纸和杂志上的信息图形数量大增，而此次借用国旗进行设计正契合了这一趋势。

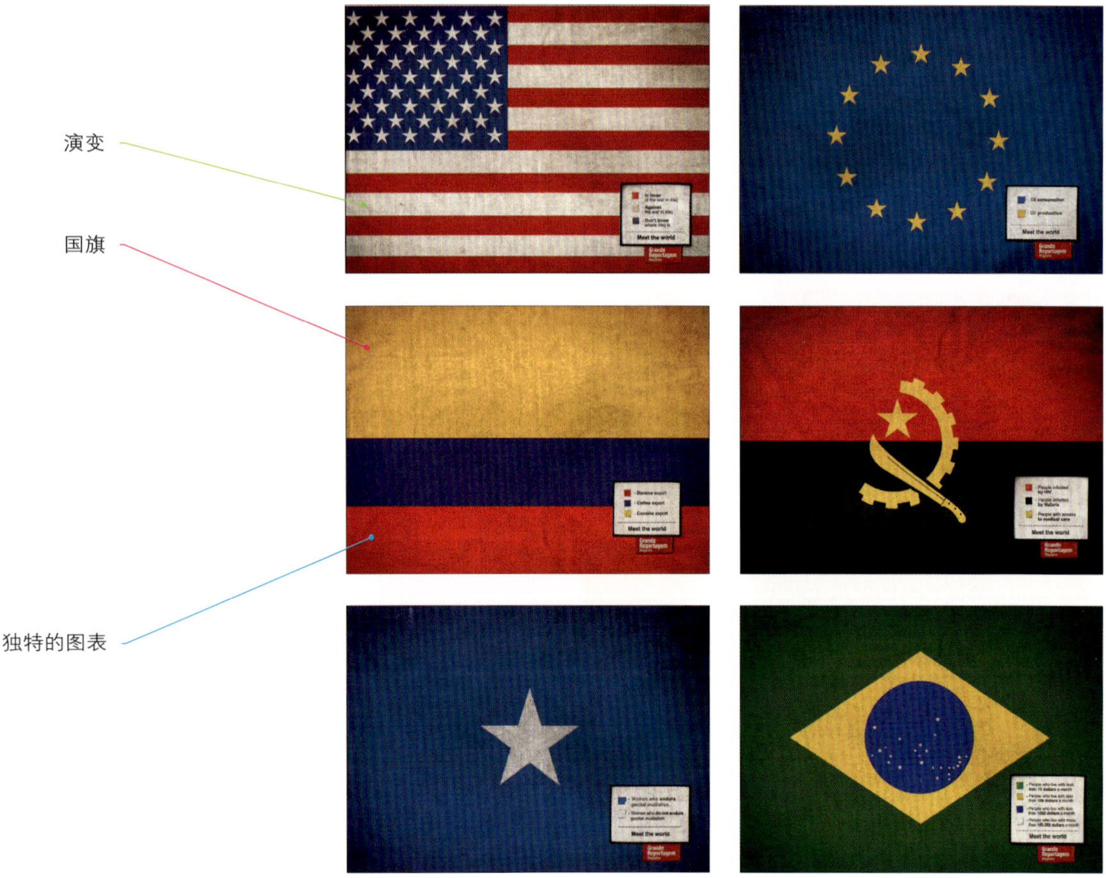

1

2

3

4

5

7

6

8

9

11

13

10

12

14

演变

1. 圣安德鲁，苏格兰国旗，9世纪
2. 圣乔治，英格兰国旗，12世纪
3. 圣帕特里克，爱尔兰国旗，1783年
4. 英国国旗，1801年
5. 美国国旗，23星，1820年
6. 美国国旗，26星，1837年
7. 美国国旗，28星，1846年
8. 美国国旗，30星，1848年
9. 美国国旗，33星，1859年
10. 美国国旗，36星，1865年
11. 美国国旗，37星，1867年
12. 美国国旗，38星，1877年
13. 美国国旗，48星，1912年
14. 美国国旗，50星，1960年

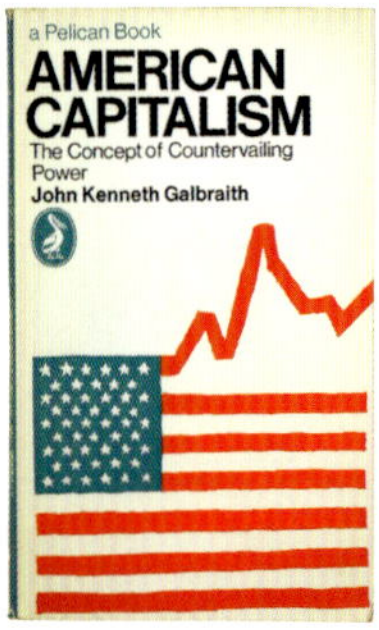

1

2

3

4

5

6

7

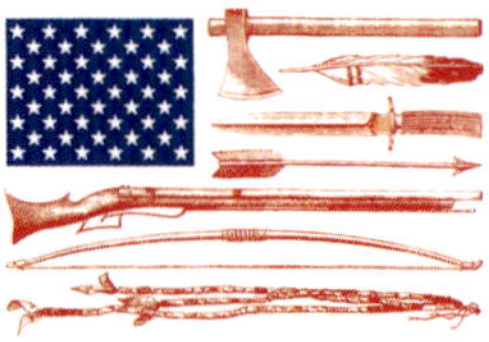

9

8

10

11

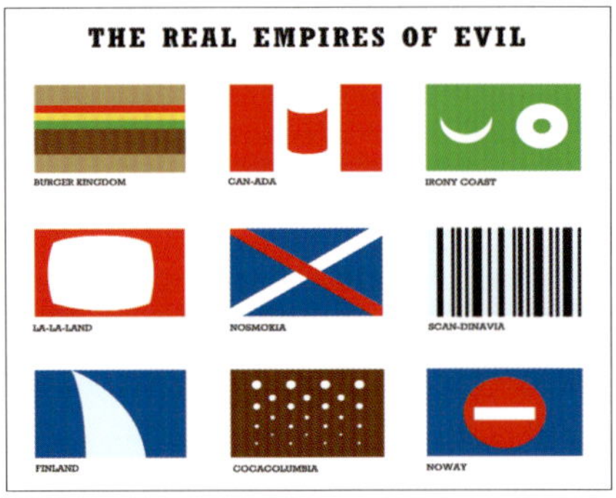

12

13

国旗

1. 《American Capitalism》（美国的资本主义）封面，1956年
2. 《SHOW》杂志封面，封面上呈现的是由肯尼迪总统、他的妻子杰奎琳和女儿卡洛琳的重复的影像组成的美国国旗的形象，1963年
3. Planes & Bayonets（飞机和刺刀）海报，1970年
4. Genocide Records（种族灭绝记录）抗议海报，1970年
5. The Stars and Stripes Forever?（星条旗永恒？）海报，1973年
6. Indian Power（印第安人的权力）海报，1975年
7. 美国平面设计协会设计师旗帜系列插画，1986年
8. Stop Antisemitism in Switzerland Before It’s Too Late（尽早停止在瑞士的反犹主义）宣传册，1977年
9. Last of the Mohicans（最后一个莫希干族人）插画，1994年
10. Bananazo海报，1997年
11. Heineken Starring In Over 170 Countries（喜力啤酒风靡170多个国家）广告，2003年
12. The Real Empires of Evil（真正的邪恶帝国）插画，为热心政治的人就“帝国”这一话题创作的插画，2004年
13. 《Double Cross Blind》封面，2005年

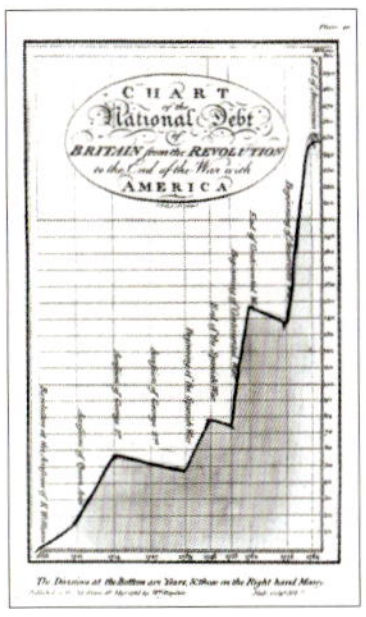

1

2

3

4

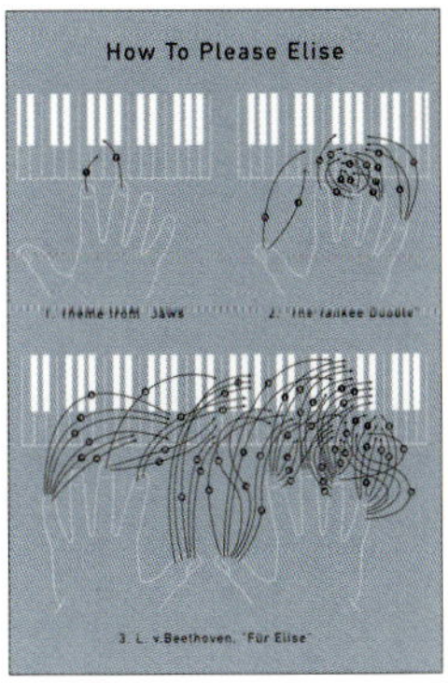

5

6

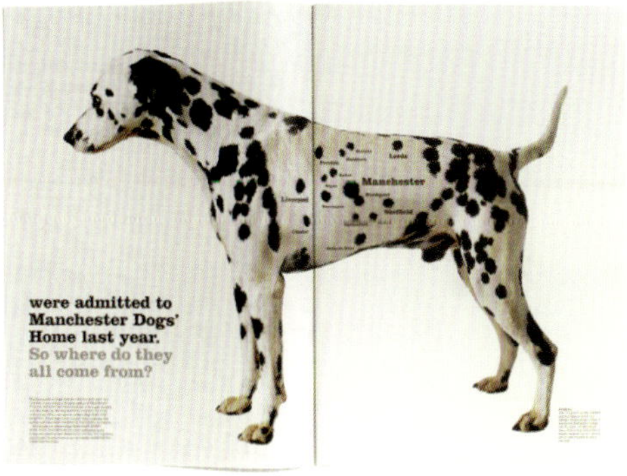

7

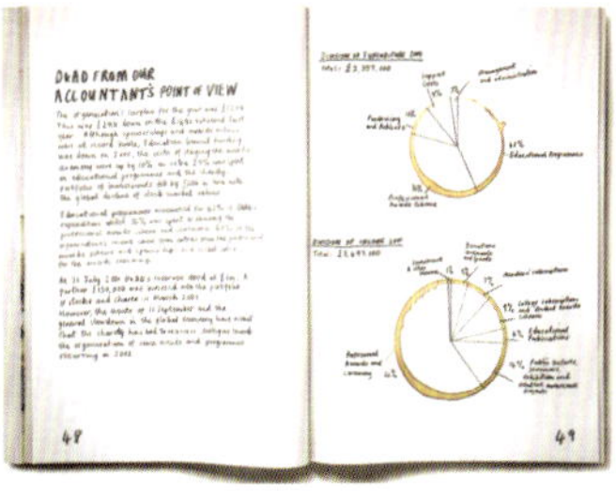

8

9

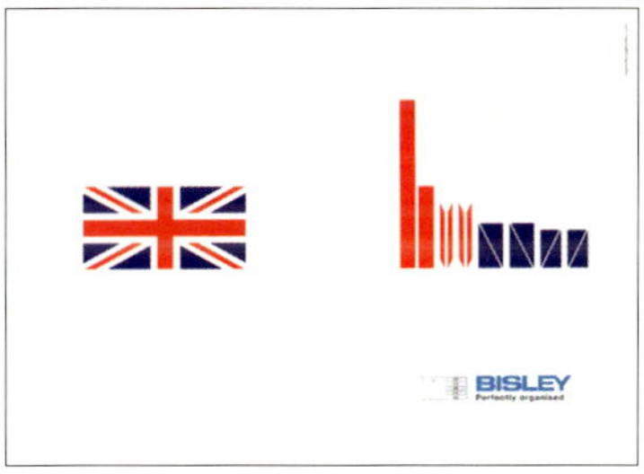

10

独特的图表

1. 国家负债表，1786年
2. 皮肤上被绘制了世界地图的牛，1974年
3. 来自于惠普公司年报的图表，这不是修改过的或者数码制作的，只是实景拍摄，1989年
4. Global Military Spending（全球军费支出），1999年
5. How to Please Elise（如何使爱丽丝高兴）杂志编排，2001年
6. Garanti Bank（土耳其担保银行）广告，这一系列广告使用不同国家的国旗来充当图表，2001年
7. Manchester Dogs' Home（曼彻斯特狗之家）年报中的跨页，借用斑点狗身上的斑点来指代那些救助狗的地点，2002年
8. D & AD（黄铅笔奖）的机构年报，这篇文字所有的5496个单词都是用铅笔手写的，这是为了呼应这一著名机构的特点，2002年
9. 《Les Echos》广告，这是为法国财经类报纸《Les Echos》设计的，体现了经济因素与一些政治时事的联系，如油价上涨与伊拉克战争的关系，2004年
10. Bisley Office Equipment办公设备广告，Bisley公司办公设备系列广告中的一个，体现了公司的口号“完美组合”，2004年

自由意志

设计师：Nathaniel Cooper

模板刻印是一种古老的特殊字体制作方法，其制作技术非常简单，即在硬纸板上剪切出字形（不是十分精确），然后按照剪切出的字形涂色。模板活字的水平部分和垂直部分之间留有空隙，这种独特的外观源于一个重要的要求：耐用。人们设计模板的最初目的并非要将其用于精细的凸版印刷中，而是更多地用于普通用途，例如，用颜料或油墨在麻袋或木制水桶等粗糙表面上涂上标记、字母、单词和图片等。1939 年，格利·鲍威尔（Gerry Powell）设计出通用的模板字体，至今仍在军队中广为流行，用来在麻袋和榴弹炮等物品上涂上数字或名字。

模板喷涂也是传递公众信息的一种常用手段，有时是一些善意的信息，有时是反映社会问题的信息。采用模板的方式在人行道或建筑物上喷涂信息的做法最早可追溯到20世纪早期，当时传统的印刷方式不是操作复杂，就是价格昂贵，政府也经常会采用这种经济的方式公告其正式公文。到了20世纪后期，模板在一些另类团体和运动中得到了更为广泛的应用，他们以此对热点问题提出倡议。喷涂标语或图像成为一种非常有效的游击战式的手段。耐用和直观再次成为人们选用模板的原因所在，此后，模板喷涂也逐渐成为街头涂鸦文化的一种象征。

Nathaniel Cooper为“美国之心——莎士比亚戏剧节”（Heart of America Shakespeare Festival）设计的海报利用了模板的直观性，以此引起人们对每年一度的消夏季的关注，其以一系列专业制作的免费户外表演为特色。设计师说：“我们不是简单地传递演出信息，我们认为，图像和文字应当有所超越，以此去捕捉戏剧节的本质。这种风格的设计让这幅海报带上了美国民主党的观点，符合一切为了人民的事实。因此，欢迎每个人免费来观看表演。”

1

2

3

4

5

6

7

8

9

10

模板涂鸦

1. 阿根廷的岩石艺术，公元前8000年
2. Comrade Have You Read The Council of People’s Commissars’ Mandate（同志，你是否阅读了人民代表委员会的指令）绘画作品，1921年
3. 法国电影《Girls In Trouble》（有麻烦的女孩）的克罗地亚版海报，因为数量很少，所以这些海报的制作使用了模板和喷枪，20世纪40年代
4. Laudium（南非小镇）欢迎曼德拉的海报，1990年
5. A is not for Apple. K is not for Kindergarten（A不是苹果，K不是幼儿园），来自捷克共和国的街头模板涂鸦，两句话的句首字母指代AK枪
6. 秘鲁的街头模板涂鸦，妇女与儿童
7. 用于回应反对堕胎的人士的海报，Our Bodies Our Choice（我们的身体，我们的选择），1990年
8. Secuestro Express（暴力特快），来自阿根廷的模板涂鸦，福特猎鹰车型是用于绑架市民的政府车辆，2003年
9. 来自丹麦的模板涂鸦，Three Hands（三只手），2004年
10. 来自纽约的模板涂鸦，2005年

1

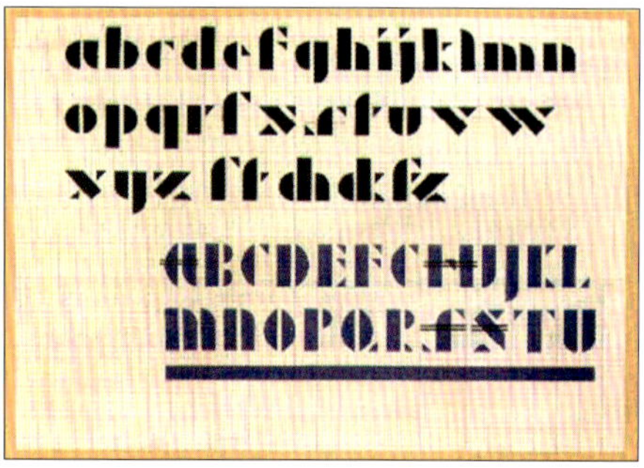

2

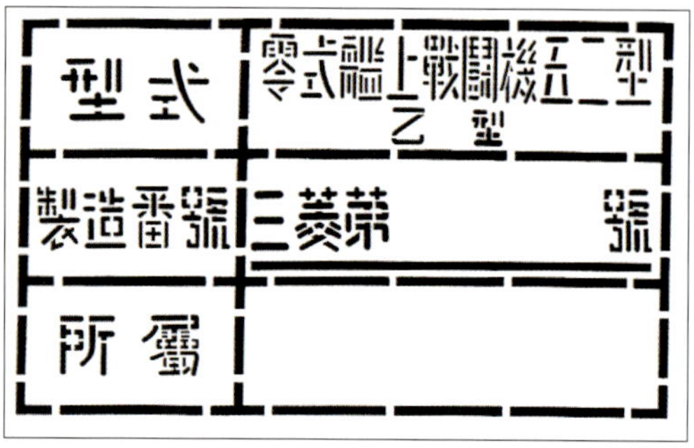

3

4

5

6

7

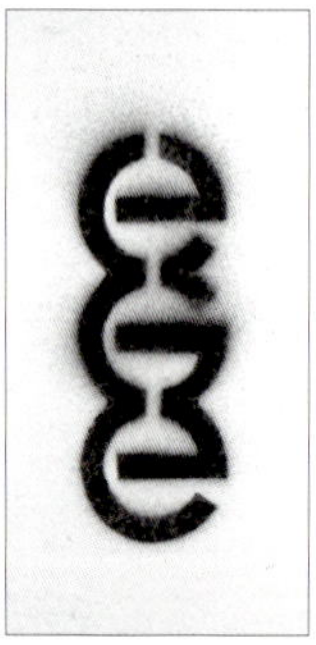

8

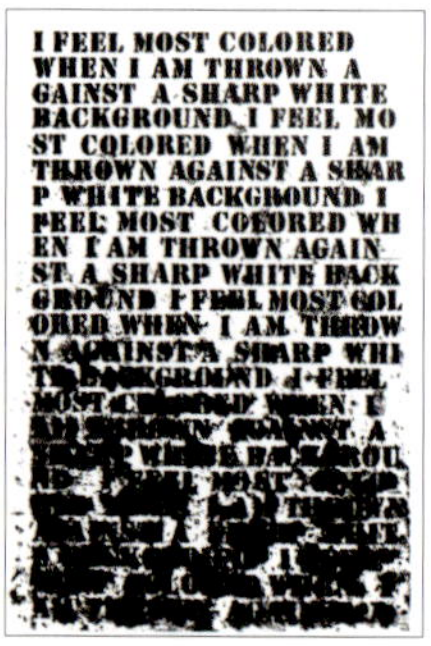

9

10

模板字体

1. De Stijl（风格派）杂志封面，1917年
2. 字母表，将字母简化为几何形状，1925年
3. 零机身识别模板，喷涂在所有的日本海军飞机上，列明制造商、系列号和生产日期，1930~1940年
4. 字母表，1941年
5. 美国军人利用喷枪和模板喷涂星星，1944年
6. 刻字指南，1956年
7. 国际平面设计协会联合会（ICOGRADA）在以色列特拉维夫召开大会的海报，1989年
8. En Garde Events标识，1997年
9. 蚀刻画，1998年
10. The Way We Work（我们的工作方式）邀请函，海报展的邀请函，采用了模板的形式，鼓励人们与喷漆搭配使用，2004年

1

2

3

4

5

6

7

8

9

10

11

模板艺术在印刷品上的应用

1. 《Time Machine》（时间机器）图书跨页，书中的插图制作使用了模板，下图就呈现了原始的模板，1931年
2. 日本插花艺术学校海报，1985年
3. Inflatable Soule（得意的索尔）海报，1994年
4. Out Market海报，2000年
5. Nike蝎斗足球广告，2001年
6. I Want You to Curb Your Consumption（我希望你控制消费）杂志封面，2002年
7. 能量饮料的广告，Get Back The Power, You Sweat Out（重获能量，你出汗了），2004年
8. Friss Oder Stirb海报，2004年
9. The Way We Work（我们的工作方式）邀请函，海报展的邀请函，邀请人们在海报上喷漆，2004年
10. 电影《Aeon Flux》（魔力女战士）的海报，2005年
11. 《The Coronation of Haile Selassie》（海尔·塞拉西的加冕礼）图书封面，2005年

远离那些让你为其撒谎的公司

设计师：Jonathan Barnbrook

20世纪90年代中期，蒂博尔·卡尔曼（Tibor Kalman）告诫设计师们要“远离那些想让你为其撒谎的公司”。自20世纪80年代以来，每当看到平面设计师们因包装和粉饰那些对社会不负责任的物品而获奖时，他就感到十分愤怒。他在纽约开设的公司M & Co.有自己的企业客户，认真甄别客户，并考察其动机和历史。当然，这种做法并非人人可行。卡尔曼认为设计应当是一种弘扬社会美德的力量，而不是一种便捷的粉饰工具。他的言行激励着许多设计师。在他去世之后，这些设计师签署了“The First Things First”的声明，Jonathan Barnbrook依据该声明的精神，借用卡尔曼的告诫设计了这个项目。

这个大型信息牌矗立于繁忙的拉斯维加斯高速公路边，以配合美国平面设计师协会（AIGA）主题为“崇拜与文化”的年会。这样一来，这个项目立刻呈现出具有颠覆性的、鲜明而深刻的讽刺效果。Barnbrook以一种古老的技法为基础来表现这句告诫，即按顺序呈现两个或两个以上的图像片段，这就像传统的画谜，当拼在一起看时就成为了一句完整的话。在艺术设计领域，这种风格可追溯到20世纪早期，最初应用于立体艺术派的抽象拼贴画中，并被达达派（Dada）和超现实主义派艺术家用来在一幅画面中同时表达多种思想。将不同图像搭配在一起所产生的效果可能是幽默的或令人不安的，但人们的大脑总是会被迫整理这些汇集在一起的信息。在这个项目中，设计师采用6个广告片段组成画面，而这6个片段不仅表现出这句充满感情的告诫，而且还通过图像表现了其所蕴涵的意义。

利用了通常为商业广告预留的公共空间是这一项目获得成功的关键。在20世纪晚期，反消费主义者经常会通过文字涂鸦或粘贴图片的方式窜改和丑化广告牌，以此对广告行为进行批判。虽然Barnbrook应用图像片段的方式使人们阅读信息有些困难，但这也迫使读者与信息进行互动。这就像一封标准的“勒索信”，虽然通过剪切和粘贴制作而成的“勒索信”的目的在于模糊信息的来源，但其杂乱的外观也激发起了人们的阅读兴趣。在这幅信息牌上，每个画面片段都在吸引观众继续往下看，直到把文字信息全部看完。

这一信息牌的悬挂时间并不长，但是与海报这种形式相比，它的巨型图像更能吸引人们的注意力。实际上，由这一设计引发的新闻报道也间接扩大了它的影响力。

1

2

3

4

5

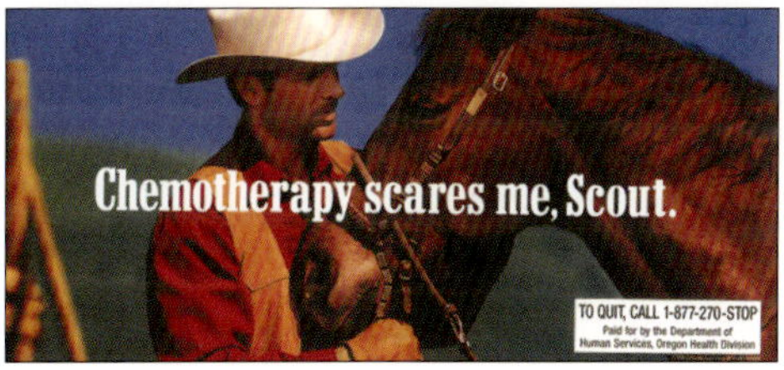

6

7

8

信息牌

1. 时代广场上的信息牌，War Is Over!（战争结束了！），1969年
2. 女人们是否只有裸露才能进入大都会博物馆？这张海报是在抗议大都会博物馆中的女性艺术家的缺失，1989年
3. Christmas Message（圣诞信息）电子信息牌，1990年
4. Your Body Is a Battleground（你的身体是一个战场）信息牌，1990年
5. Smile…It’s Nothing（微笑……没什么）海报，2000年
6. Chemotherapy scares me, Scout.（伙计，化疗吓到我了）信息牌，2000年
7. Have a Year of Peace and Security（和平和安全的一年），对2002年的冷嘲热讽，2002年
8. George, We Need to Talk—God（乔治，我们需要谈谈——上帝）信息牌，乔治指前任美国总统乔治・布什，2004年

1

2

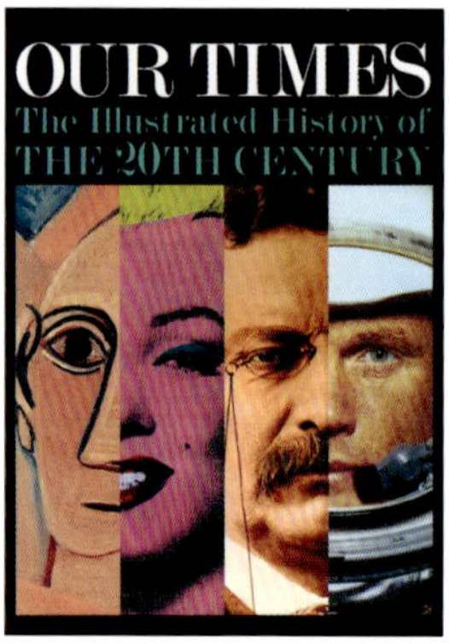

3

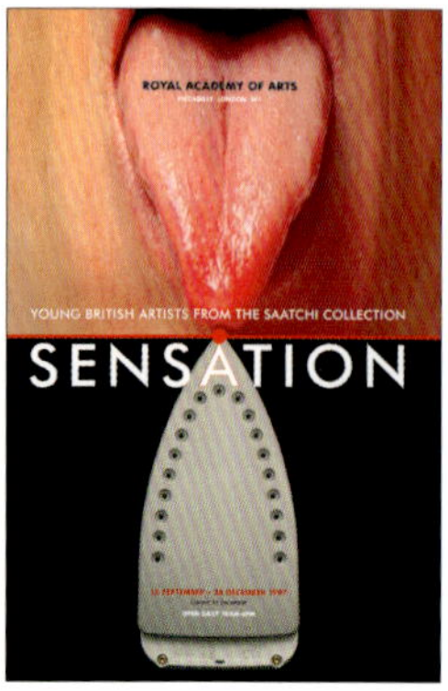

4

5

6

7

8

9

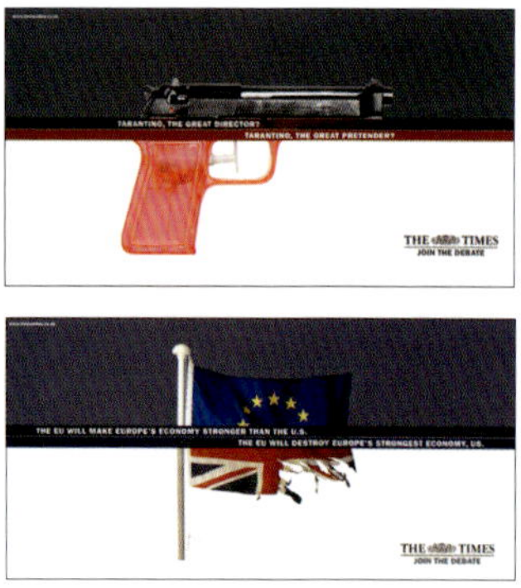

10

图像并置

1. 《Advertising Arts》（广告艺术）杂志封面，1934年
2. 《Show》杂志封面，这一期是关于欧洲的两副面孔和其掩盖的事情，1962年
3. 《Our Times—The Illustrated History of the 20th Century》（我们的时代——图解20世纪）图书封面，1995年
4. Sensation, Royal Academy of Arts（感知，皇家艺术学院）展览海报，1997年
5. Poverty vs. Prosperity（贫困和富足）广告牌，1998年
6. Britain（英国）海报，1998年
7. 《Home Design》（家居设计）杂志封面，1999年
8. 《Body & Mind》（身体和心灵）杂志封面，2004年
9. Expect More. Pay Less.（更多期望，更少花费）广告，2004年
10. Tarantino, the Great Director? Tarantino, the Great Pretender?（塔伦蒂诺，伟大的导演？还是伪君子？）媒体宣传，2004年

1

2

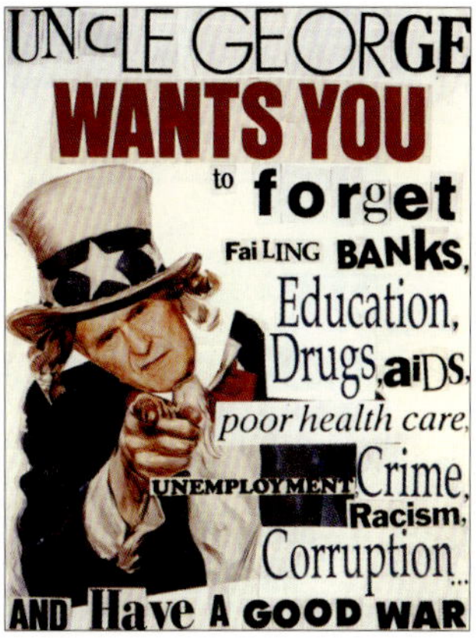

3

4

5

6

7

8

9

10

文字并置

1. Was It Dada?（是达达吗？）跨页，这首由Hugo Ball创作的诗歌看起来就像字体样本书，1920年
2. Dryland（干旱地）CD封面，1987年
3. Uncle George Wants You（乔治大叔希望你）海报，1991年
4. 《Mixing Messages—Graphic Design in Contemporary Culture》（混合信息——当代文化中的平面设计）图书封面，1996年
5. Und Was Lesen Sie Auf Der-Fahrt in Den Urlaub广告宣传，2000年
6. Off Limits 3 CD封面，2002年
7. We Deliver Mumbai广告，这些广告看起来就像日历牌，每个页面上第一行的图片中包含着代表星期一至星期天的英文字母的信息。在接下来的图片中包含着数字1至31的信息，2002年
8. Memorias Tipograficas（排印的记忆）海报，图片中的字母信息可以拼接为Memorias Tipograficas，2003年
9. 《The One Show》图书护封，2003年
10. Theatre sur l'Herbe海报，2004年

《麦克白》与《玩偶之家》

设计师：Harry Pearce

这两幅不同戏剧的海报是为英格兰同一家地区剧院而创作的，表现了平面设计的娱乐性。它们同时具有三大特征：1. 通过文字表现寓意，即图像与文字合二为一；2. 文字由某种材料构成，而非采用传统的字形，即每个字都由一个实物或一种物质构成；3. 负空间是体现视觉冲击力的关键，即构成文字的物质与思维空间为海报增添了生气与活力。每种特征都符合一种“游戏原则”，即平面设计就像一个孩子，本能地（而且快乐地）与设计元素嬉戏，直到取得一种令人满意，同时让人们普遍接受或认可的表现效果。这些海报都是教课书中的典型范例，可以用来说明设计师如何利用自己的设计工具和表现形式，将文字（如本例中的剧作标题）变成微型艺术作品，从而提升纸面上普通印刷文字的表现效果。

“MACBETH”（莎士比亚的戏剧《麦克白》）一词由飞溅的血渍构成，这种表现方法恰当而巧妙，其深红色调可激发起一种本能反应，而且鲜血凝固的形状也非常醒目。当然，仅凭鲜血尚无法准确地传递某个信息。作为一种平面设计工具，滴落、渗出或涂抹的鲜血是一种很常见的表现手法，用来引出恐怖或者滑稽的事物，因此，设计师必须巧妙地应用这一元素，以免其成为被滥用的象征和表现符号。

在这幅海报中，鲜血还有一个更为正式的作用，即充当标题的框架。任何读过或看过莎士比亚戏剧的人都能认出“MACBETH”这个词，但当它由飞溅的血渍组成，从而扭曲成一种奇怪的形状时，这个标题就会呈现出更大的意义。海报中所应用的负空间是一种很古老的设计工具，它的作用是促使欣赏者破译信息，同时又像磁石一样吸引着欣赏者的视线。此外，由于它需要人们具有更强的认知力，所以也增强了欣赏者与设计师所要表达的信息之间的互动。

利用石材或者木材制作出立体的字母或单词是一种很常见的设计构思，而且这也为负空间成功完善设计信息提供了舞台。《玩偶之家》的海报就对各种不同层次的认知进行了检验。一是可读性：在内容清晰易读时，欣赏者仍需多看几眼才能完全理解其中要传达的信息，这是一件好事，因为需要欣赏者与作品进行更多的互动。二是构思：易卜生笔下的主人公娜拉通过摧毁禁锢她的玩偶之家来与一个令人窒息的以男性为主导的父权社会作斗争，海报中摇摇欲坠的木活字代表着这些社会规则与道德观的脆弱和最终毁灭。

血渍

反白字

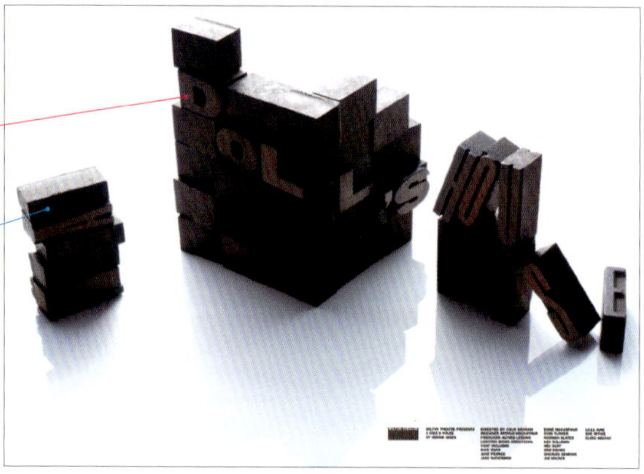

构造

铅字

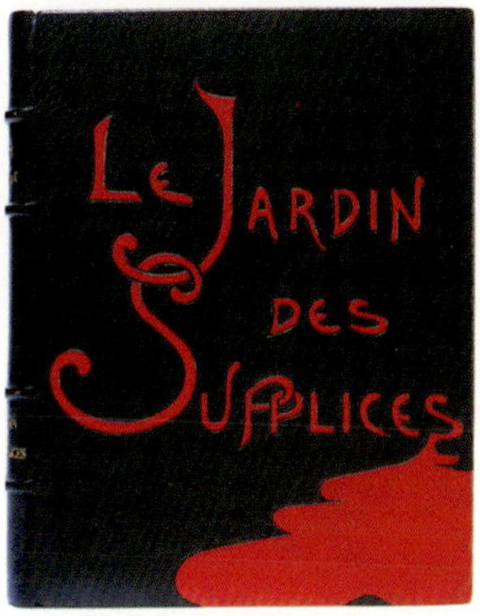

1

2

3

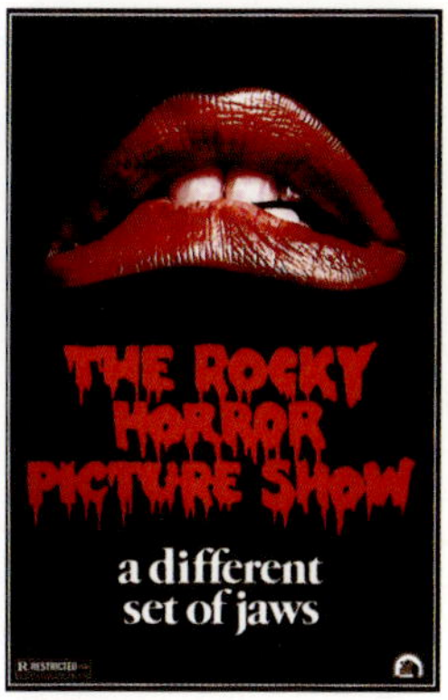

4

5

6

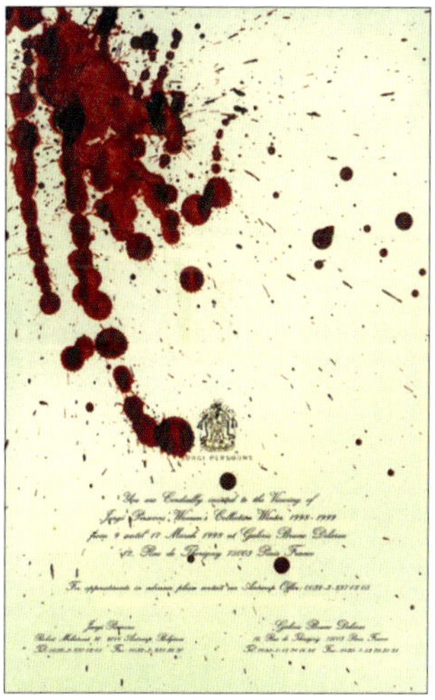

7

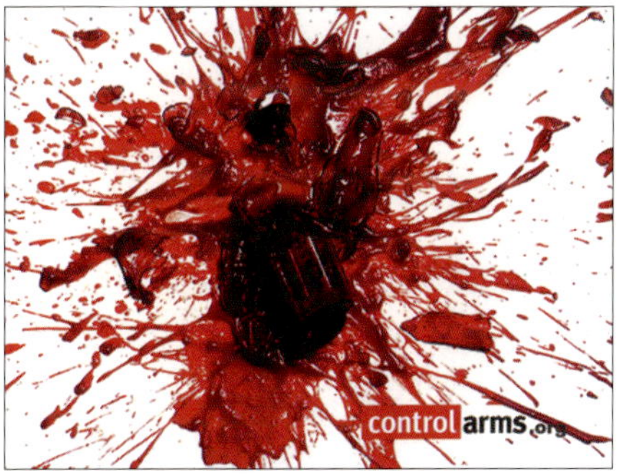

8

9

10

血渍

1. 《Le Jardin des supplices》（秘密花园）图书封面，1925年
2. 电影《Taste the Blood of Dracula》（嗜血伯爵）的海报，1970年
3. 电影《A Jarvany》的海报，1975年
4. 电影《The Rocky Horror Picture Show》（洛基恐怖秀）的海报，1975年
5. 戏剧《Macbeth》（麦克白）的海报，1982年
6. 《COLORS》杂志封面，WAR（战争），1996年
7. Blood Wedding Winter 1998-1999（血婚，1998~1999秋冬系列）海报，为服装设计师Jurgi Persoons设计的邀请海报，设计师使用了自己的血液，1998年
8. Control Arms（控制武器）海报，2003年
9. 电影《The Devil' s Rejects》（千尸屋2）的海报，2005年
10. 《纽约时报书评》杂志封面，2006年

1

2

构造

1. 为书展设计的临时建筑，1927年

2. Sedia AT椅子，1990年

1

2

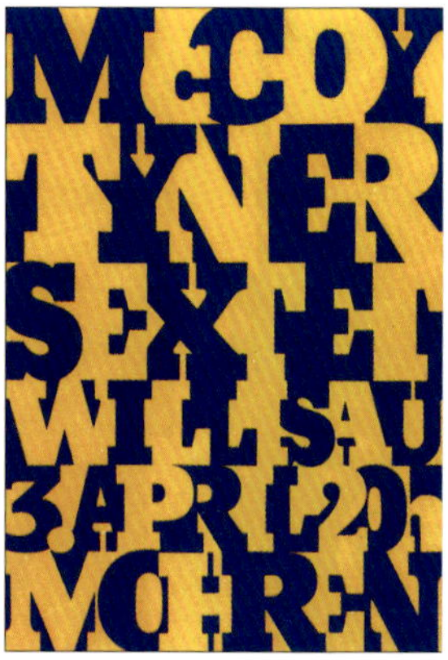

3

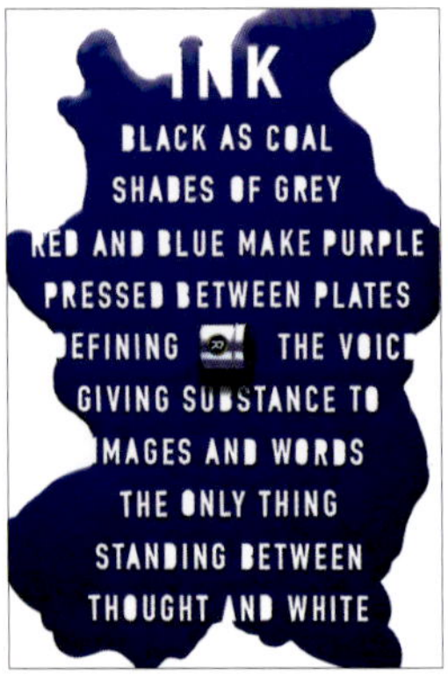

4

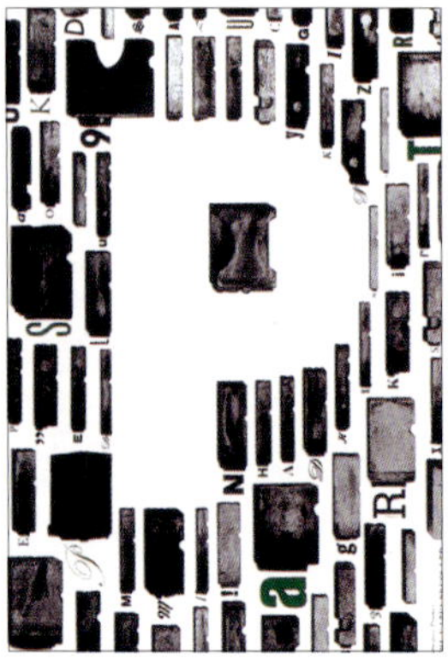

5

6

7

反白字

1. City-Druck AG公司广告，1960年
2. IBM Office Material（IBM办公材料）海报，20世纪60年代
3. McCoy Tyner Sextet（麦考伊·特纳六重唱）演唱会海报，1980年
4. INK（墨水）海报，2000年
5. The Kazui Press “P”（日本嘉瑞工房活版印刷有限公司）宣传海报，2001年
6. You Can Sell It on eBay（你可以在易趣网上卖掉它）广告，2005年
7. Globalisation（全球化）海报，这幅海报表现出了全球化的危险，2005年

1

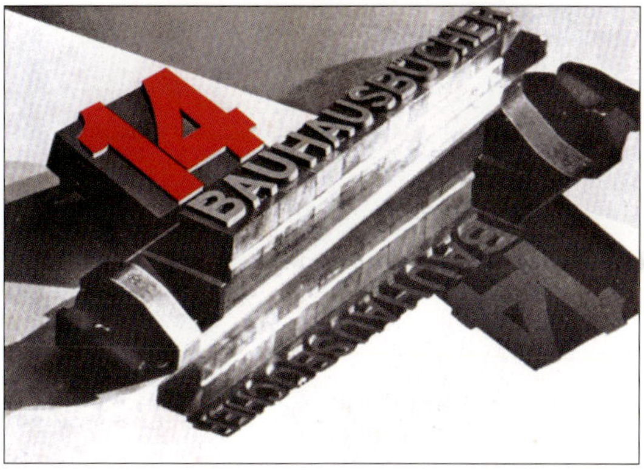

2

3

4

5

6

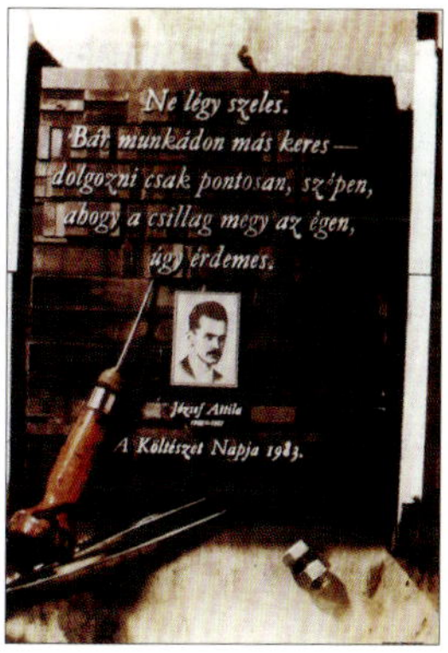

7

8

9

10

铅字

1. 比勒费尔德工艺美院展览海报，1927年
2. 包豪斯图集14卷图书封面，1929年
3. 《新闻记者》杂志封面，1930年
4. 《Gebrauchsgraphik》（德国商业平面设计杂志）封面，1930年
5. 《Campo Grafico》杂志封面，1937年
6. The Philadelphia Orchestra（费城交响乐团）海报，1957年
7. 有关两名匈牙利设计师的展览的海报，1983年
8. Hall & Oates标识，1997年
9. You Are Your Own Air Bag（你是你自己的安全气囊）滑板商店广告，1999年
10. 8海报，2003年

新泽西表演艺术中心

设计师：Paula Scher

巨幅排印信息布满了新泽西表演艺术中心学校的外墙，将这个充满感化院色彩的旧式住宅变成了一座广告的宫殿。本案设计师发明了一种由哥特粗体、粗衬线体、前卫的图形图像和三原色构成的设计语汇，通过反语和幽默加以强调，用来说明在一个历经沧桑的城市中，什么才是文化活动的新源泉。

设计师解释说：“城市就像一本杂志，广告与社论必须以一种恰当的方式相结合。”在新泽西表演艺术中心学校的校长找到她，请她“将一幢陈旧落伍的建筑变成一幢与表演艺术学校相称的新建筑”之后，她从刷满公告、贴满宣传单的旧式伦敦剧院的墙壁上找到了灵感，因此采用了大型字母和词语。纽约时代广场的分区法规很早就规定可以将建筑空间的适当比例用于“大型”广告，因此，只要细心观察一下旧照片，我们就能看出，旧式设计与将“音乐（music）、舞蹈（dance）和剧院（theater）等词句覆盖整个建筑的伟大创意之间存在着的冲突”。为了美观和引人注目，她选用了一种新型字体风格，并衬以亮白色、灰色和金属色。

实际上，这些超大的图形确实改变了整条街道的美学印象。而且，在这些广告创作技法的影响下，越来越多的空间艺术家们利用此类地点来传递艺术信息。但是，建筑外墙并非设计师惟一的“画布”，例如，设计师利用最便宜的瓷砖和亮色涂料（红、黄、绿）在室内的地面上制作出交叉的条纹图案，从而使建筑的内部设计与外部相辅相成。

用于室内环境的字体设计能够满足表达、装饰和庆典等要求。芭芭拉·克鲁格尔（Barbara Kruger）在墙壁、地面和天花板上涂刷字体，将画廊空间变成了一则字体宣言，而史蒂芬·道尔（Stephen Doyle）将字体设计应用于地面和墙壁，使这些表面看起来就像一座二维雕塑。而在海报或者其他设计材料上，字体还经常被扭曲和拉伸，以此来营造出三维的视觉效果。本项目的成功证明了一幢建筑不仅仅是房子，还可以是集艺术与设计、广告与宣言、雕塑与建筑于一体的综合体。

室外空间文字编排

室内空间文字编排

营造空间错觉的文字编排

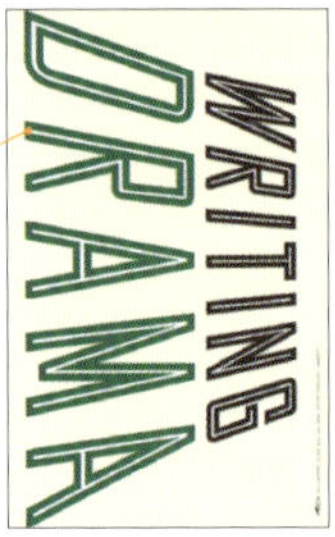

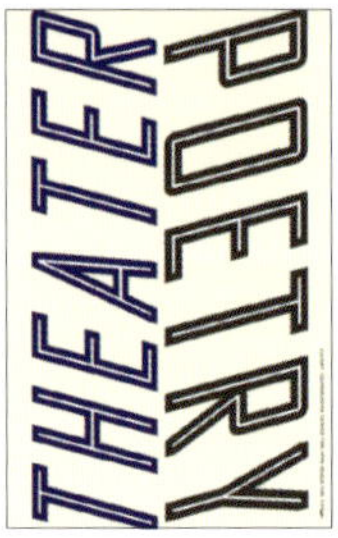

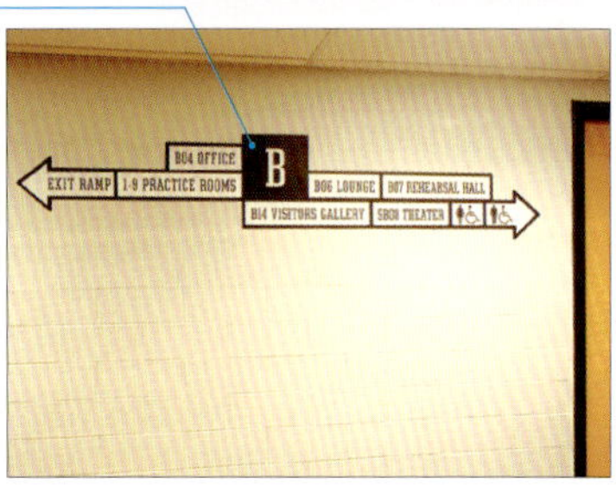

1

2

3

4

5

6

7

8

9

10

室外空间文字编排

1. 《A Midsummer Night' s Dream》（仲夏夜之梦）建筑标志，在经济大萧条时期，剧院通过这种方式极力吸引顾客，1935年
2. Land' s End（路的尽头）外墙设计，1955年
3. The Veenman Printers building（荷兰威曼印刷中心）外墙设计，1996年
4. 罗纳-阿尔卑斯高等先进工业系统工程师学校的外墙设计，1997年
5. Volharding办公建筑的外墙设计，1999年
6. do.do.do.do.环境设计项目，2002年
7. 南非新宪法法院的外墙装饰，这种字体的设计灵感来源于监狱牢房墙上的刻字，2003年
8. Wales Millennium Center（威尔士千禧中心）主入口，墙面上的字是"In These Stones Horizons Sing"（大地高歌），2004年
9. Lawrence Dumont Stadium（劳伦斯·杜蒙特体育场）环境标识，2004年
10. 韩国首尔公共建筑外墙上的横幅广告，2006年

1

2

3

室外空间文字编排

1. Spies（间谍）外墙装饰，探照灯光从电影院入口处的孔洞中投射出来，使人联想到“间谍”这个主题，1928年
2. 俄罗斯家禽公司总部的外墙装饰，1924年
3. Bonhomme住宅的外墙设计

1

2

3

4

5

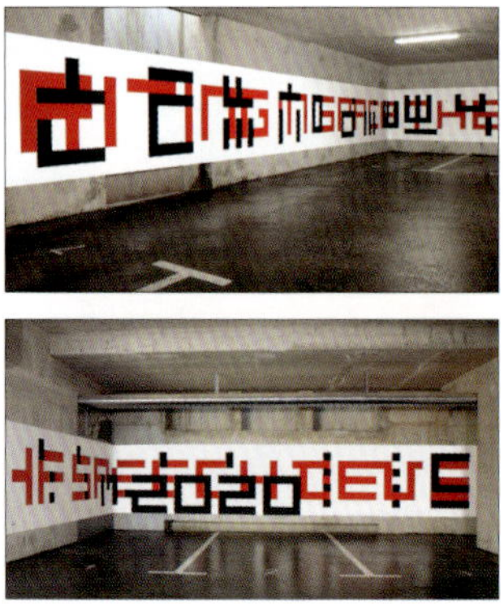

6

室内空间文字编排

1. All Violence Is the Illustration of a Pathetic Stereotype（所有的暴力都是可怜的刻板行为的写照）展览，1991年
2. 室内设计，宪法的第十九条修正案赋予了妇女选举权，1996年
3. Cursing Stone and Reiver Pavement（诅咒石和掠夺者路面）公共空间艺术作品，2001年
4. 奥斯纳布吕克大学标识系统，2004年
5. The Art of Urban Warfare（城市巷战的艺术）临时装置设计，2004年
6. EUROPE 2020（欧洲2020）壁画，2004年

1

2

3

4

5

6

7

8

9

10

11

营造空间错觉的文字编排

1. 雷诺Dauphine轿车海报，1957年
2. Guggenheim Museum（古根海姆博物馆）海报，1977年
3. Mondo Grosso《Pieces From the Editing Floor》专辑的CD封面，1995年
4. Horst Schafer海报，1997年
5. Die Pr'a'sidentinnen（雌性领袖）海报，1998年
6. Ruby in the Soda时尚标签，1999年
7. Surfaced（表面）标识，为制作室内墙面和定制架子产品的公司设计的标识，1999年
8. 毕业作品展海报，2001年
9. 宁波大学传播与艺术学院学生作业汇报展，2001年
10. 建筑杂志《d' Architettura》的宣传海报，2002年
11. Korpersprache 9. Triennale海报，2003年

美丽的腐朽

设计师：Anisa Suthayaly

激进人士通过海报、广告和书籍的设计使观赏者对某种社会信息做出反应，而这类设计并不仅仅是在一个版面上摆放诸多睿智的词句和令人吃惊的图片那样简单。许多设计师都怀有美好的初衷，但只有极少数人能够克服对作品进行过度设计和过度概念化的冲动，从而令这些设计既值得仿效，又能起到积极的交流作用。在每一打呼吁结束战争、消除贫困和不平等现象的作品中，只有一两个是通过促使观众思考、反省，甚至采取行动而实现了设计初衷。

这幅海报题为“美丽的腐朽”，名称稍显古怪，灵感来自于曾经的美国总统候选人H. Ross Perot的警示名句：“激进人士不是那些说河水脏的人，而是动手治理河水的人。”在这幅海报中，冬日森林里的小溪所体现的质朴的美并非只是一幅写实快照，而是表现环保主义者所要关注的问题的一个独特背景。

这里所应用的平面设计理念非常吸引人：背景图片清晰易懂，而插入的字体改变了图片的含义和信息，将一派宁静平和的景象转变为一幅受到异物入侵的生动画面。当然，将字体置于岩石之间和水中的这种表现手法并非首创。实际上，早在电脑时代之前就曾经有人用过，当时的设计师们通过在真实的环境中镂刻或涂画而取得这种效果。

这幅海报的正中央放置了一个极其醒目的单词“activist（激进人士）”，它像图腾一样矗立在画面的正中央。随着颜色由暗色调渐变为浅色调，文字似乎在颤动，人们的眼睛也被迫去捕捉一个行动的命令。将透明的灰色、白色和彩色叠印的手法是一种用来暗指速度的常见的印刷技巧。这种设计暗指激进人士和污染环境的人都在采取行动，但就这幅优美的图片来看，显然包含着激进人士能够力挽“腐朽”狂澜的创意。

垂直重叠标题

融入环境的文字

强调拍摄角度的文字

1

2

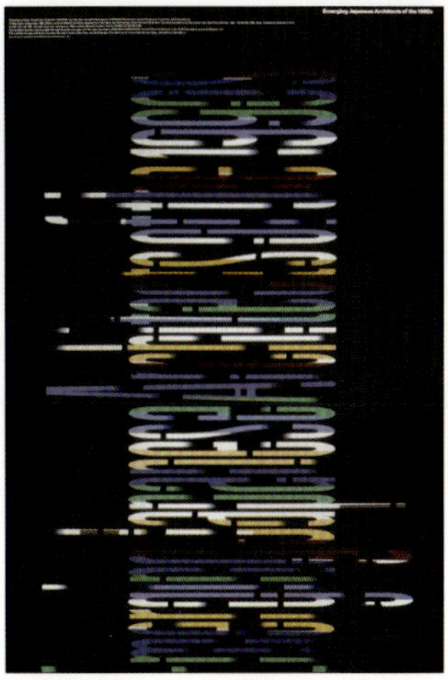

3

4

5

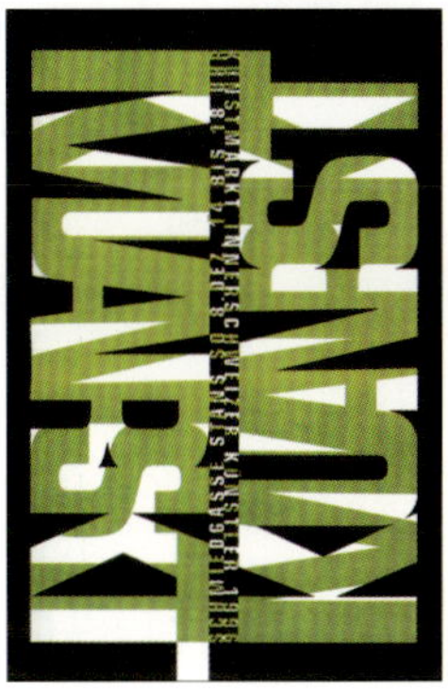

6

7

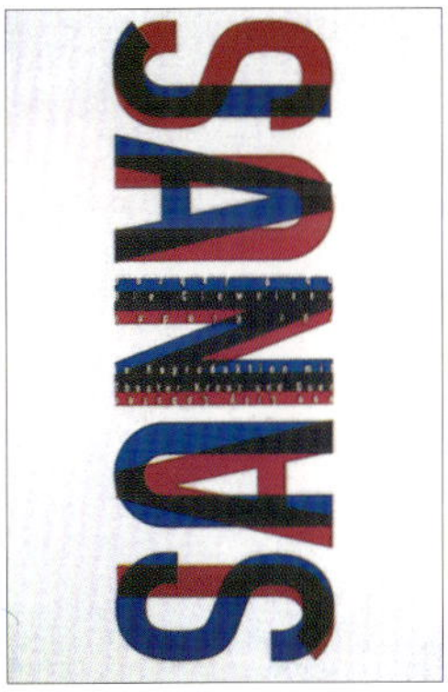

8

9

10

11

垂直重叠标题

1. 《Portfolio》杂志封面，1949年
2. Alfieri & Lacroix（艾法利&拉科鲁瓦）杂志页面，1959年
3. Emerging Japanese Architects of the 1990s（20世纪90年代涌现的日本建筑师）海报，1991年
4. Graphic Arts Message（GAM）海报，1992年
5. John Ford（约翰·福德）海报，1996年
6. Exhibition Poster海报，1996年
7. Kunstmarkt海报，1999年
8. Janus（古代罗马的两面神）海报，1999年
9. Everybody Measures Up（每个人都符合标准）海报，2003年
10. Self-portrait（自画像）海报，2004年
11. Trickraum展览海报，2005年

1

2

3

4

5

6

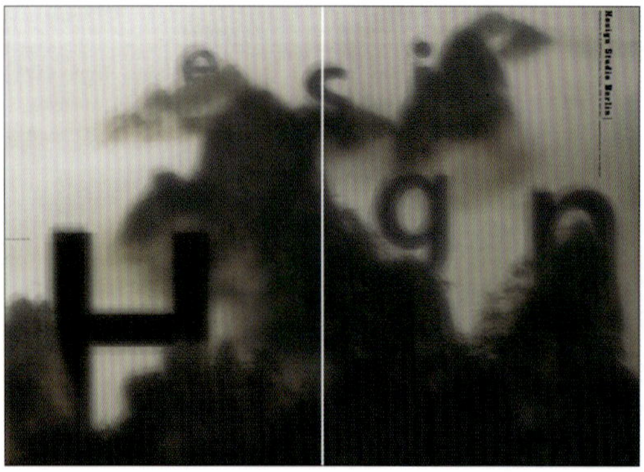

7

8

9

融入环境的文字

1. Dream Island（梦想岛）海报，1993年
2. Einheit durch Vielfalt（统一与多样性）海报，1996年
3. Design 99海报，1999年
4. Hamptons ' 99（汉普顿海滩）杂志封面，1999年
5. 数码杂志的跨页，这期内容关注的是导航，2001年
6. Hangul Day（韩文日557周年）海报，2003年
7. 何见平柏林工作室宣传海报，2004年
8. 《The Mythic City: Photographs of New York》（神话般的城市：纽约摄影集）图书封面，2005年
9. What Would You Do With This Space?（你将如何使用这片空间？）宣传册，2005年

1

2

3

4

5

6

7

8

9

10

11

强调拍摄角度的文字

1. Phoebus-Palast（菲比斯·普拉斯特）海报，1927年
2. Matter Tea Room海报，1931年
3. 《Day of Paris》（巴黎的一天）摄影集封面，1945年
4. Say No（说不）海报，这幅海报是为了告诉人们不要在佩特沃斯住宅的道路上借道绕行，1977年
5. Chicago（芝加哥）海报，1987年
6. New York From a New Angle（从一个新的角度看纽约）海报，1999年
7. No Place（没有地方）海报，2003年
8. 《Black Hunger》（黑色饥饿）图书封面，2004年
9. 《Small Crimes in an Age of Abundance》（富足时代的小罪恶）图书封面，2004年
10. Drive-in Movies at the Rock（洛克菲勒中心的汽车影院）宣传海报，2005年
11. Andrea Zittel（安德里娅·泽塔尔）海报，2005年

《野性时代》

艺术总监：Norito Shinmura　设计师：Yuka Watanabe

《野性时代》是一本日本文化杂志，其促销海报的设计采用了以实物拼组文字的方式。设计师说：“我利用气球、算盘和其他一些常见的工具来制作这些文字，因为单纯用电脑打印的文字不能完全表达我想要表达的人类情感。每一个艺术处理都要独具创意，并经过费时的制作、成型、剪切、缝合和拍摄。这些几乎或者完全没有借助电脑，其目的并非仅仅要传达一种直白的印刷信息，同时还希望人们产生这样的想法，即这是一本时尚前卫的杂志。尽管其中部分技法在此之前也被人们尝试过，例如，拼组文字所用的气球来自于孩子们的聚会活动（看起来非常孩子气），而缝制的文字源自许多家庭常见的早期绣品，但此处的每个文字都制作得非常考究。确切地讲，采用算盘和磁带制作文字需要极大的耐心，用算盘做出相应的日本字并不像把算盘珠移到适当的地方那样容易。此外，为了逼真地营造出文字如同在水下的错觉，部分用磁带制作的文字确实需要在水下进行拍摄。但是，最令人生畏的是用上千张报事贴组成文字。这种设计方法有些令人叹为观止，但却并非完全创新。”

中世纪时期的抄写员首先掀起一股在小册子上采用隐喻或转换性文字的潮流。在20世纪，这种做法继续盛行，出现了许多所谓的“天然文字表”，这些文字采用常见的物体制成，如金属丝、丝带、细绳、磁带等。有时，作品中的文字甚至是用负空间构成的。这些具有混合特征的文字仅供一次性使用，或只服务于某个具体的创意作品，同时，它们也证明了世上并不存在一种完美或正确的文字设计体系。一旦被破译，离奇或反常的表现方法就会获得人们的理解。在《野性时代》这个例子中，这些信息不仅容易被人理解，同时还是可以供人欣赏的纯粹工艺品。

由不同材料组成的文字

裁切的文字

扭曲和折叠的文字

1

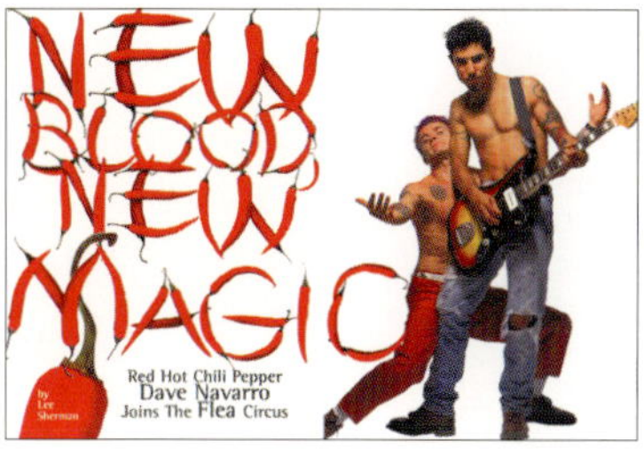

2

3

4

5

6

7

8

9

10

由不同材料组成的文字

1. Alkotmany海报，文字由木材组成，1989年
2. New Blood New Magic（新的血液，新的魔力）杂志跨页，文字由辣椒组成，与关于红辣椒的文章内容相得益彰，1995年
3. Life was Successful（生活是成功的）海报，文字由鱼子酱组成，讽刺了俄罗斯人关于成功生活的这句俗语，1996年
4. The Campana Brothers（坎帕纳兄弟）海报，这幅海报是为了宣传设计师的讲座，文字由木棍组成，2004年
5. Now海报，文字由钉子组成，2004年
6. Grafia callada海报，阿拉伯文字由贝壳、木棍和石头组成，2004年
7. Inner Mission: To All Buildings That Have Ears（内部任务：致所有隔墙有耳的建筑）海报，环境和所有的文字都是由乐高积木组成的，2004年
8. Fried Chicken（炸鸡）杂志跨页，文字由鸡肉组成，2005年
9. Creative Futures（创造性的未来）杂志封面，2005年
10. Ben Lee《Awake is the New Sleep》（清醒是新一轮沉睡）专辑的CD封面，文字由花朵组成，2005年

1

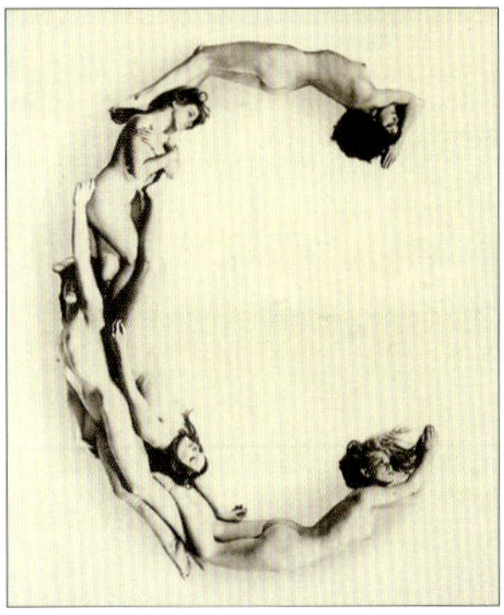

2

3

由不同材料组成的文字

1. Peace（和平）海报，文字由不同的人体姿势组成，1972年
2. 《Het Alphabet》日报，字母C由人体组成，1970年
3. 《British Algae Vol.1》（英国的藻类第一卷）图书，文字由藻类植物组成，1850年

1

2

3

4

5

6

7

裁切的文字

1. October（十月）杂志页面，在叶子上刻出文字，2002年
2. Getting Closer（越来越近）海报，文字刻在香蕉上，2003年
3. Anni Kuan（华裔服装设计师）宣传册跨页，文字由剪裁和折叠的织物组成，1999年
4. Banana Press（香蕉新闻）广告，文字写在香蕉上，2003年
5. November（十一月）杂志页面，文字刻在面团上，2004年
6. Brand Advertising Folder（品牌广告文件夹）自我宣传，文字由面料制成，2005年
7. Veritas（真理）专栏插画，文字由描图纸制成，2006年

1

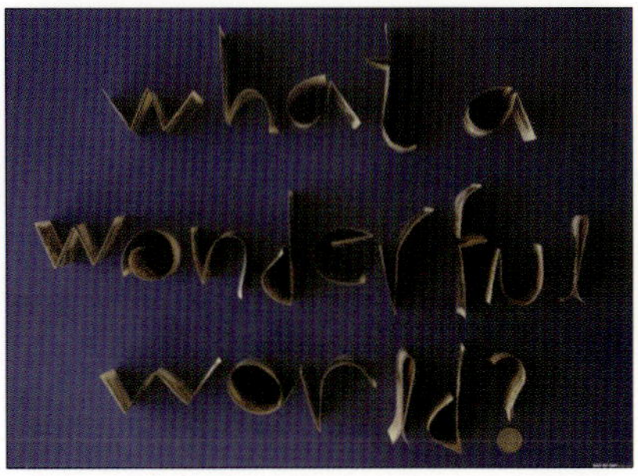

2

3

4

5

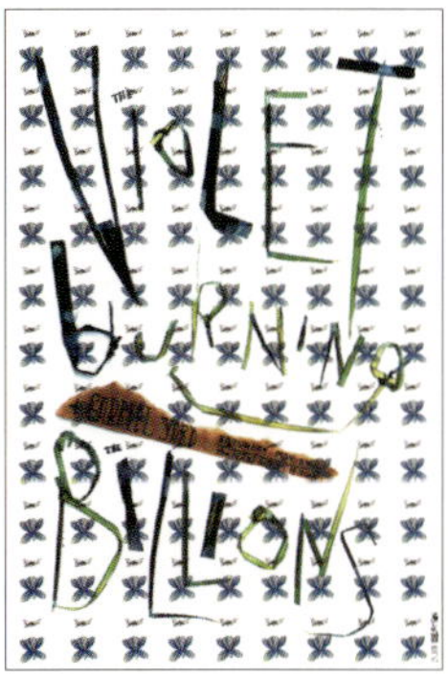

6

7

8

9

10

扭曲和折叠的文字

1. 《Vanity Fair》（名利场）杂志封面，封面上的文字由真正的绳子组成，1935年
2. What a Wonderful World（美丽世界），文字由折叠的纸币和硬币组成，2000年
3. Pipe Cleaner（烟斗通条）杂志跨页，文字由烟斗通条组成，2003年
4. Paper Engineering（纸张工程）图书页面，2003年
5. Substantial（真实的）海报，这幅海报是为了宣传CD而设计的，文字由吉他琴弦和金属丝组成，2003年
6. The Violet Burning the Billions海报，文字由草叶组成，2004年
7. Access Dress（入场服装）时尚目录册，文字由一根包装丝带组成，2005年
8. Music is A Four Letter Word That Ends With _ _ _K（音乐是由K结尾的四个字母组成的单词）海报，文字由录音带组成，2005年
9. 《Sun and Shadow》（阳光和阴影）图书护封，文字由录音带组成，2005年
10. 《Eat Pray Love》（美食，祈祷和爱）图书封面，2006年

《冬夜红灯》
设计师：Darren Cox

《冬夜红灯》是亚当·拉普（Adam Rapp）的一部新剧作，为了宣传这部剧在纽约的演出，设计师设计了一系列略有差异的海报。在影视宣传中，制作多张人物海报的做法非常普遍，但对剧院而言，尤其是预算非常紧张的外百老汇剧院，这几乎闻所未闻。实际上，剧院海报的真正作用并非销售产品，在更多情况下，它只是提醒人们这部剧正在上演，而剧评和口碑才是最有效的宣传工具。

在这幅作品中，设计师以一种非常粗犷的貌似即兴创作的字体（以手工写成，然后用Photoshop进行处理）诠释了略有些抽象的剧名，引起了人们的注意。手写字体重返平面设计领域要归因于第一次电脑排印浪潮的兴起。随着越来越多的设计师选择以墨水或涂料来表现字形和字体，所有的设计种类都受到了涂鸦的影响。

与时下的许多海报作品一样，"Red Light Winter"这几个字完全占用了图像的空间，这种表现方法是基于一种以字体作为图像的框架或边框的古老技法。在Illustrator和Photoshop等软件出现之前，设计师们往往会以黑色字体作为线性或半色调图像的边框。随着科技的发展，人们可以经常在字形中发现图像的应用，这在电影海报的设计上尤为明显，当一幅图像或一位明星无法担当起宣传活动的重任，或者一个标题下的多幅图像可同时反映两个以上的信息时，这就不失为一种可靠的解决办法。

实际上，设计师在这一作品中所采用的表现技法要传递的信息就不止一个。它不仅表达了剧作的特点，同时还暗示了故事发生在纽约的下东区，在那里随处可见手写的和自制的音乐会与展览传单，因此，这幅海报完全符合这种视觉统一性。

手绘

文字与图像

系列设计

1

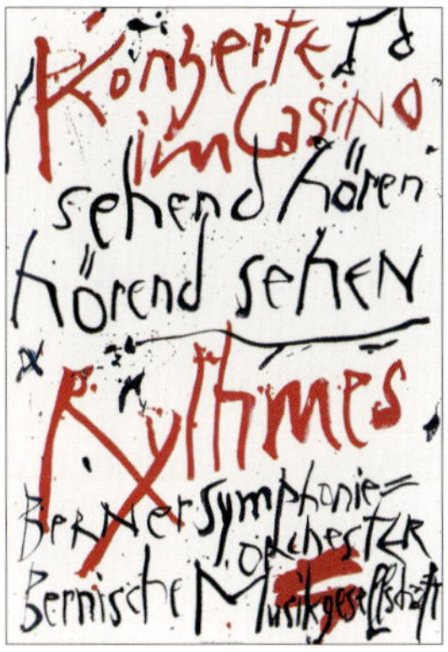

2

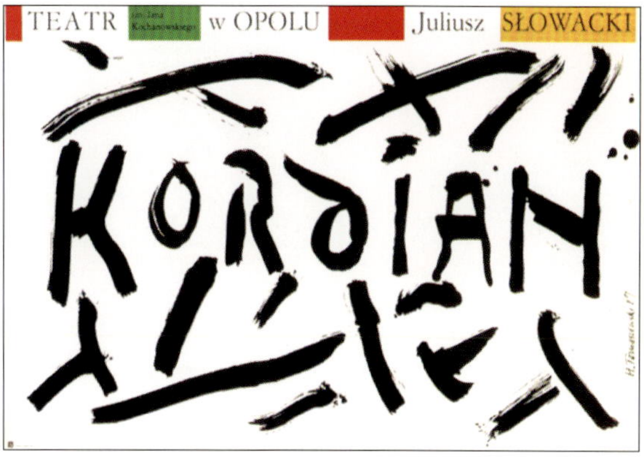

3

4

5

6

7

8

9

10

手绘

1. Subway（地铁）海报，1929年
2. 音乐会海报，1986年
3. 戏剧海报，1987年
4. AIGA Communications Graphics 征稿海报，1994年
5. Children’s Phone（儿童的电话）广告，1998年
6. Willisau爵士音乐会海报，2000年
7. No Doubt《Rock Steady》（坚若磐石）专辑的CD封面，2001年
8. Hangeul（韩文）系列海报，海报中体现了组成韩文单词的辅音和元音，2002年
9. Concierto（协奏曲）杂志封面，2002年
10. 《Everything is Illuminated》（真相大白）图书封面，2003年

1

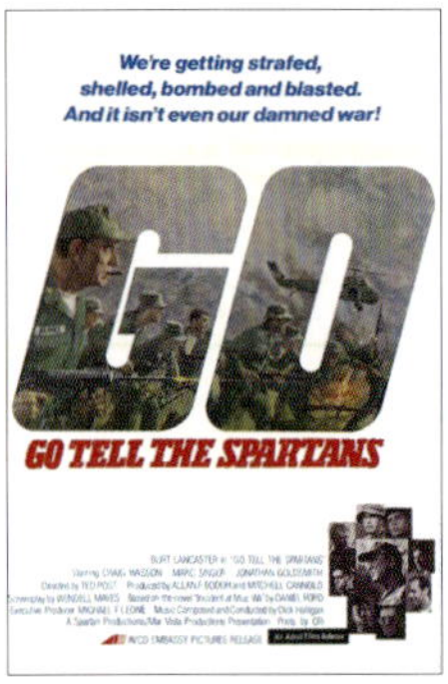

2

3

4

5

6

7

8

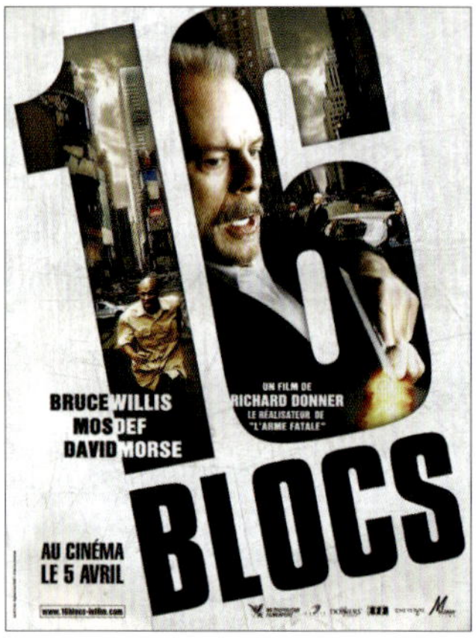

9

文字与图像

1. 《The Cardinal》（红衣主教）电影海报，1963年
2. 《Go Tell the Spartans》（越战突击队）电影海报，1978年
3. Parni Valjak音乐会海报，1982年
4. 《Simpatico》（暗夜惊狂）戏剧海报，1994年
5. Paul Newman海报，2001年
6. 《Madame Sata》（妖姬莎塔）电影海报，2002年
7. 《100 Houses of One Hundred European Architects of the Twentieth Century》（20世纪100位欧洲建筑师的100所住宅）图书封面，2004年
8. Boys（男孩们）海报，2005年
9. 《16 Blocs》（勇闯16街区）电影海报，2006年

1

2

3

4

5

6

7

系列设计

1. 《The Devil Wears Prada》（穿普拉达的恶魔）图书封面，2002年
2. 《Eternal Sunshine of the Spotless Mind》（美丽心灵的永恒阳光）电影海报，2004年
3. 《Fabrica 10: From Chaos to Order and Back》图书的10种封面，2004年
4. Pat Metheny《The Way Up》（一路向上）专辑的CD封面，2005年
5. 《Brick》（追凶）电影海报，2006年
6. 《The Island》（逃离克隆岛）电影海报，2005年
7. 《Sin City》（罪恶之城）电影海报，2005年

音乐之友

设计师：CYAN

20世纪60年代晚期，那些富有颤动感的鲜艳色彩仿佛在一夜之间取代了基本的三原色和泥土色调。许多出版商都在尝试一种全新的营销和包装方案，他们认为，与内容相比，各种消费人群（包括男女老幼）对色彩的本能或直觉反应更具有冲动性，因此他们以不同的色彩重复相同的设计，以此对人的购买行为产生影响。为同版书籍或杂志改换颜色的营销策略最终被许多出版商沿用至今。

在“音乐之友”音乐会15周年的宣传海报系列中，德国设计公司CYAN就采用了多样化的色彩体系。海报虽不同于书籍或杂志，但也必须起到向潜在观众传达一种信息，并且捕捉观众兴趣的作用，因此，设计的色彩越丰富，吸引更多人关注信息的可能性就越大。

虽然设计风格在装饰和质朴之间不断轮换，但设计师们都一如既往地喜欢在设计中注入具有历史渊源或本土风情的装饰图案，这是一种天性。CYAN就钟情于时下流行的光学图形，其主要原因在于数字点阵图的视觉冲击力能够赋予海报一种恰当的魅力。

此外，这些海报显然是对20世纪50至60年代陈旧的广告流派的戏谑。海报中正在准备晚餐的典型家庭主妇形象与所宣传的音乐会几乎没有任何关系，因此，这是一种明显的嘲讽。设计师们利用了怀旧的时代潮流和过去非常严肃而现在被视为庸俗的剪贴画艺术。很早之前，现代主义者们就开始抵制剪贴画作品，认为其刻板并且感情用事。但是随着20世纪70至80年代后现代主义的兴起和现代主义的衰落，剪贴画艺术开始不断绽放其魅力。在CYAN设计的作品中，其呈现出一种优雅、生动和睿智的效果，因此在这类作品中独树一帜。

光学图形

相同的设计，
不同的颜色

剪贴画

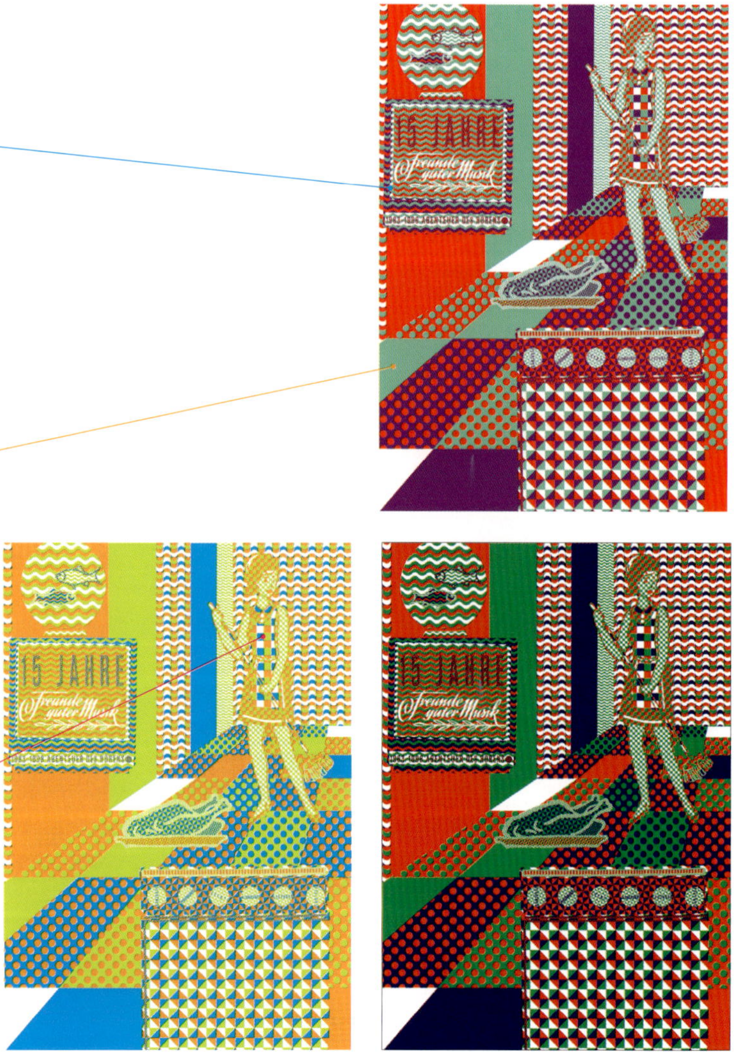

1

2

3

4

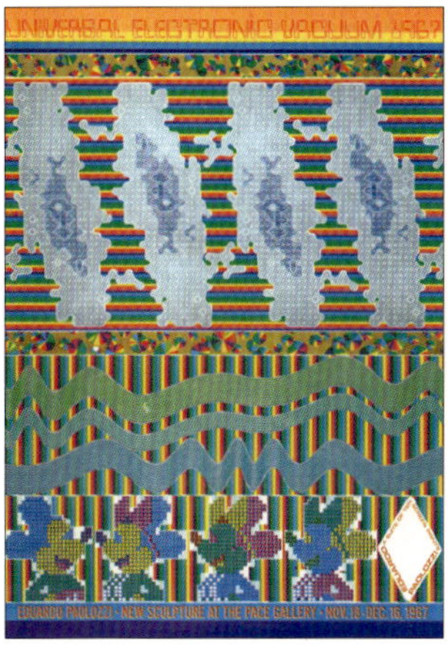

5

6

7

8

9

10

11

光学图形

1. 《The Wood Beyond the World》（世界那边的森林）书中的插画，1894年
2. The Chap-Book（小诗集）海报，1895年
3. Fourteenth Vienna Secession Exhibition（第14届维也纳分离派展览）海报，1902年
4. New Year's Greeting（新年祝福）插画，1929年
5. Universal Electronic Vacuum（万能的电子真空）展览海报，1967年
6. Head Out to Oz海报，1967年
7. 音乐会海报，1974年
8. 《The Taming of the Shrew》（驯悍记）海报，1983年
9. Japan（日本）展览海报，1988年
10. Sporen海报，2004年
11. Levi's@N3BP海报，2004年

1

2

3

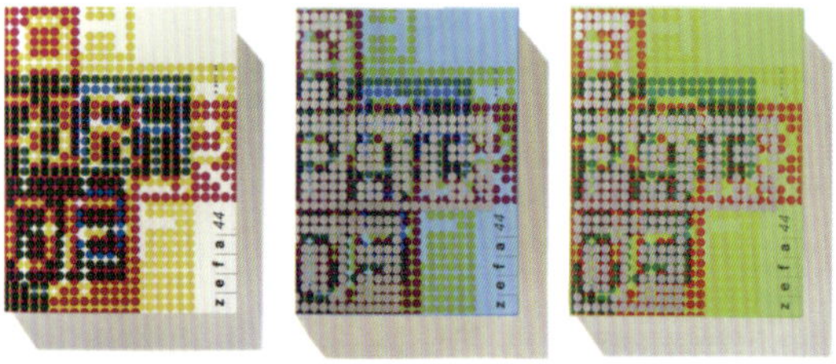

4

5

6

7

相同的设计，不同的颜色

1. Marilyn（玛丽莲）绢印，1967年
2. Squeeze《Cool for Cats》专辑的封面，1979年
3. Genesis《Abacab》专辑的封面，1981年
4. 《A Pair Of》（一对）图书，2002年
5. 《Blue Crush》（蓝色激情）电影海报，2002年
6. M-Azing A（绿色），M-Azing B（蓝色）海报，2005年
7. Tiburon International Film Festival 2006（蒂伯龙国际电影节）海报，2006年

1

2

3

4

5

6

7

8

9

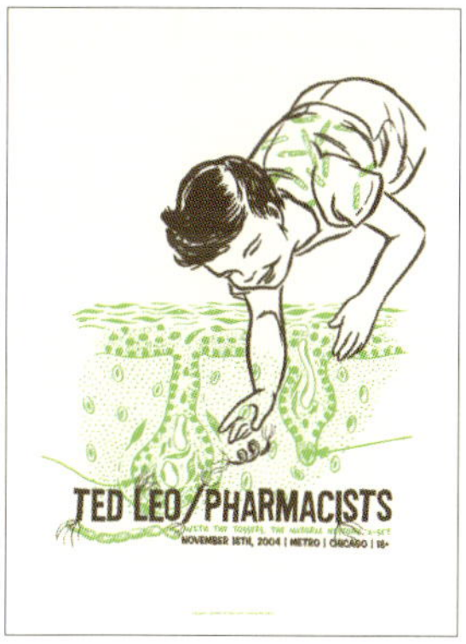

10

剪贴画

1. Rate it X海报，1986年
2. CSA Archive广告，1994年
3. Sponge《Rotting Pinata》（腐烂的皮纳塔）专辑的CD封面，1994年
4. Gren《Pop Songs》（流行歌曲）唱片封套，1995年
5. Graph 4-A Exhibition海报，1997年
6. Aus 1 mach 3（1个变3个）系列海报，2001年
7. Charles S. Anderson线上宣传，2002年
8. P’ELVIS海报，2003年
9. Pedro the Lion乐队音乐会海报，2004年
10. Ted Leo and The Pharmacists乐队表演海报，2005年

理查德·巴克曼和史蒂芬·金

设计师：Paul Buckley

平面设计师们往往喜欢进行魔幻表演，几个世纪以来，他们一直试图将二维空间幻化为多维空间，而借助传统的错视画技法，他们已经成功地实现了这一目标。在为理查德·巴克曼和史蒂芬·金的小说《The Regulators》和《Desperation》设计的封面中，设计师借助透视原理，运用貌似木材和树枝的元素制成了立体字。这种具有暗喻作用的设计自维多利亚时代开始被频繁地用于杂志封面和广告的设计中。到了20世纪中期，貌似用石材制成的立体字常被用于暗指值得纪念的历史时代。与所有新颖的字体一样，它们能够比传统字体更有效地传达设计信息。

这两本书采用相同的基本格式，描绘出一幅神秘的乡村场景，暗示着随情节发展而出现的恐怖事物。设计师将护封制作成双联画，每本书都可单独上架，若封面朝外并列于书架上，则这两本书会构成一幅完整的画面。若封底朝外，则可以看到木制围墙上一个立体感极强的孔洞，通过这个孔洞可以看到封面上的场景。

设计师在此运用的错视画技法是以两种常见的艺术构思为基础的。一种是被称为“纸中小洞”的技法。设计师通过一个撕开、戳开或者锯开的小洞来揭示一个小小的视觉信息，而小洞必须逼真可信。在图书或者杂志的封面设计中，该构思通常用于揭示神秘或者惊悚的情节，就像通过锁眼看到一只眼睛一样。

另一种是序列叙述，即构成双联画、三联画和连环画的片段、单元或者框架。采用这种技法制作的海报、图书和CD被视为“谜”，而“谜”需要设计师与观者之间进行互动。在此呈现的封面只有两幅，但当读者发现这两幅封面互相关联时，这种兴奋之情绝不亚于看到了三幅或更多幅画面。

着色的木材、石材和绳索

双联画，三联画

孔洞

1

2

3

4

5

6

7

8

9

10

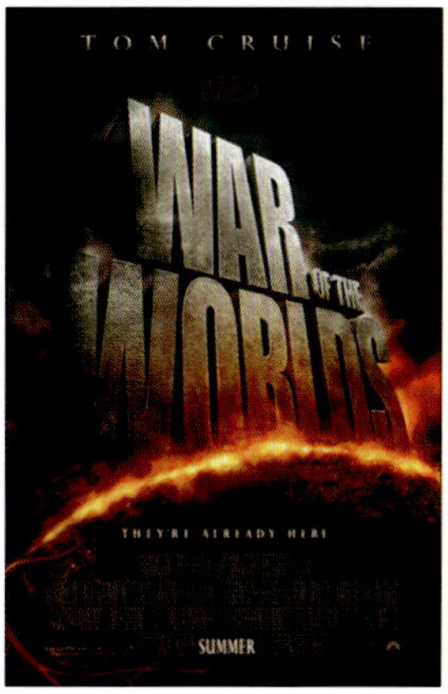

11

着色的木材、石材和绳索

1. 《Songs of Innocence》（纯真天籁）扉页，1789年
2. 《Nister's Holiday Annual》图书封面，1907年
3. 《Metropolis》（大都会）电影海报，1926年
4. 《Amazing Stories》（惊奇故事）图书封面，1928年
5. 《Ben-Hur》（宾虚）电影海报，1959年
6. 《Monty Python's Life of Brian》（布莱恩的一生）电影海报，1979年
7. 《明镜周刊》封面，1997年
8. I'm a Kaugirl海报系列，2001年
9. 《HOW》杂志封面，2003年
10. 《Big Fish》（大鱼）电影海报，2003年
11. 《War of the Worlds》（世界大战）电影海报，2005年

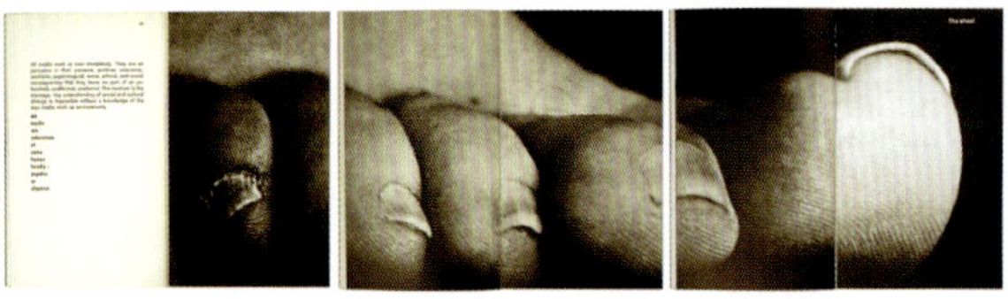

1

2

3

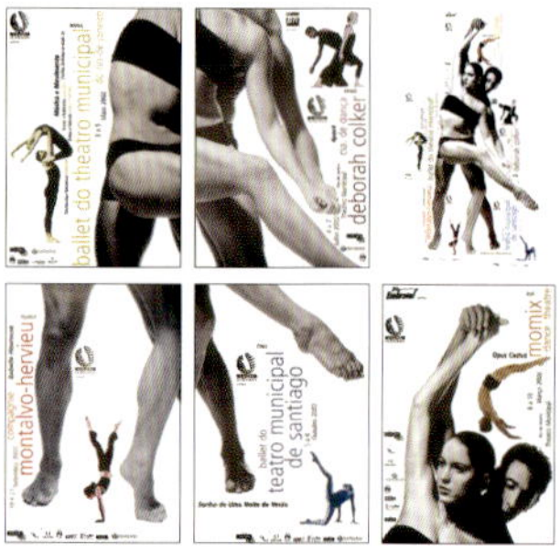

4

5

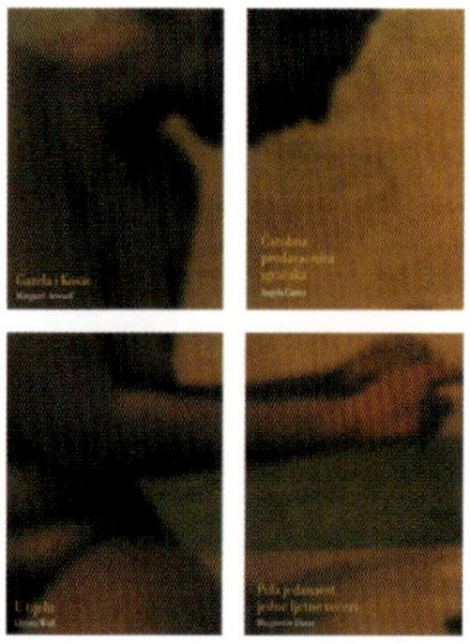

6

7

8

9

双联画，三联画

1. The Wheel…is an Extension of the Foot（车轮是脚的延伸）跨页，来自于《媒介即信息》一书中的跨页，说明了各种形式的媒介是如何成为我们自身某些部分的延伸的，1967年
2. Somerset Maugham（索默斯特·毛姆）系列图书的封面，这张连续的图片被分割用于系列图书的封面，1970年
3. Second Door on the Left, King Lear, The Czardas Princess, Death of Smail-Aga Cengic, Opera Observatorium Rekord, Jegor Bulickov, Atlantida, Searching for the Lost Time戏剧海报，在戏剧节开始的时候，由8个部分组成的海报被用于广告宣传。在戏剧节结束的时候，每场表演的海报放在一起可以组成一张由16个部分组成的大海报，1990年
4. 舞蹈节系列海报，2002年
5. 室外音乐会系列海报，2000年
6. 系列图书封面，2004年
7. Manic Street Preachers乐队《Life Blood》（生命线）专辑的封面，2004年
8. Anni Kuan（华裔服装设计师）系列海报，2005年
9. 《hiCat》图书封面，2005年

1

2

3

4

5

6

7

孔洞

1. 《Surrealism》（超现实主义）图书封面，1936年
2. 《Fortune》（财富）杂志封面，1938年
3. 《Miss Pinkerton》（平克顿小姐）图书封面，1940年
4. 《The First Men in The Moon》（最先登上月球的人）图书封面，20世纪40年代
5. 《Journeyman》（时间旅人）图书封面，20世纪40年代
6. 《Taps for Private Tussie》（士兵图西的号音）图书封面，1946年
7. 《God's Little Acre》（上帝的一小亩）图书封面，1946年

《布鲁克林》

艺术总监：Gail Anderson　设计师：Darren Cox

广告和平面设计的目的在于植入令人难忘的暗示和代码，一旦被激活，它们就会引发人们积极（或消极）的行为反应。以百老汇音乐剧《布鲁克林》的海报为例，此类剧院海报具有一种独特之处，即必须在拥挤的街头当路人被大量刺激物包围时达到提升认知和鼓励消费的目的。设计师必须打造大量的图案和表演，以此捕捉人们的注意力，并存放一些"精神信息"，按下某些按钮便可随时将其激活。

这幅海报主要利用了三种人们熟悉的方法来展示总体的城市环境及布鲁克林的特别之处。铁丝网并非纽约郊区所独有，但却能让人立刻想起任何一个都市环境，尤其是用冰冷的混凝土铺就的运动场。长期以来，铁丝网一直被用做一种平面设计元素，当然，它也是封闭和限制的一种生动象征，可激发起幽闭恐惧症等各种感觉。

设计师们常以撕开的纸张象征衰败或转变。墙壁和广告牌上被玷污的纸张，就像一棵老树的年轮，让人心生敬意。这是一种平面设计元素，用来反映揭示真相的想法。以洋葱为喻，随着每一层的剥离，它将清晰地揭示一个重要信息。此外，由于撕扯的随意性，这种表现手法具有一种抽象性，而这种抽象性对于20世纪早期的表现主义和超现实主义艺术家们独具吸引力。

巨大的缩写字母本身就是一种增进记忆的符号。拼写完整的单词繁复而常见，相比之下，哥特式的大写字母可以成为一种真正的标杆，让观赏者驻足欣赏。此外，放置一个醒目的心形图案的构图模仿了"I ♡NY（我爱纽约）"，此种设计的成功应归功于儿童书籍里常见的画谜。曾被设计师们有效使用的画谜本身就是图形双关的主要部分。强有力的BKLYN的组合形式成为该音乐剧的一个标识。

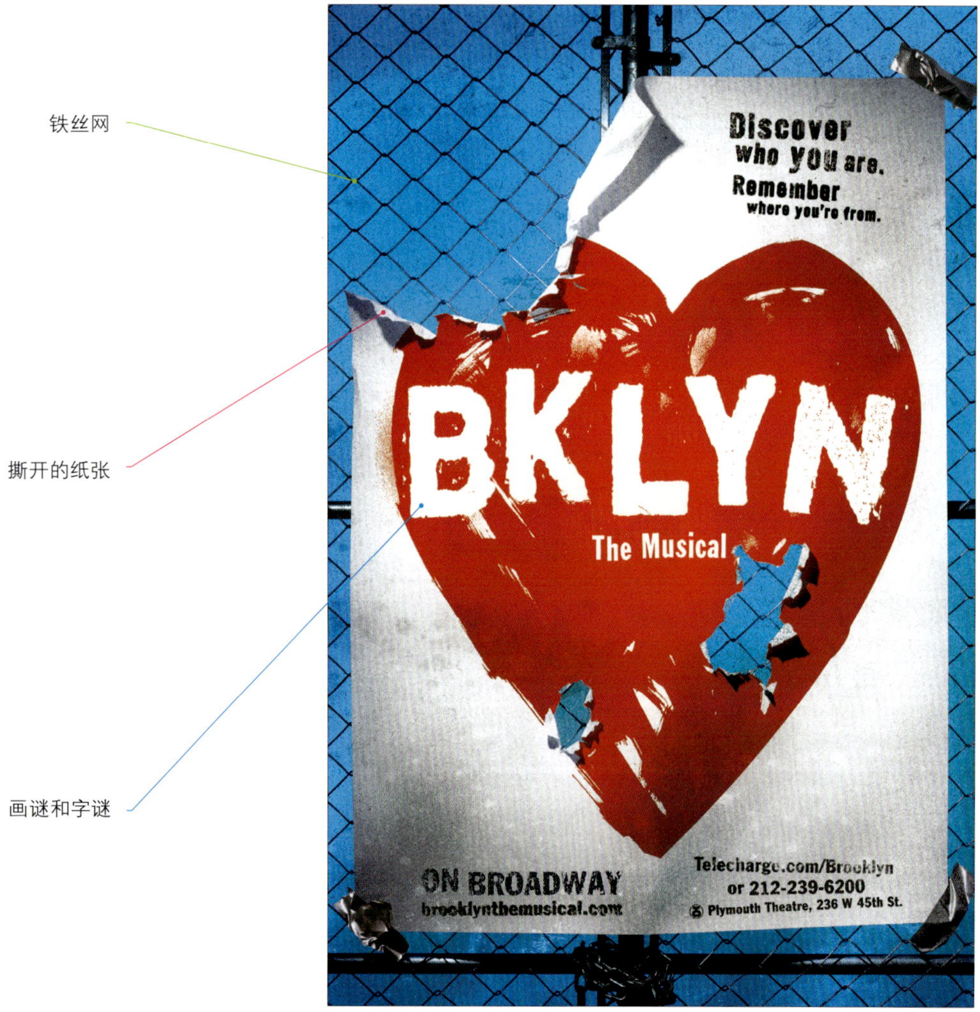

1

2

3

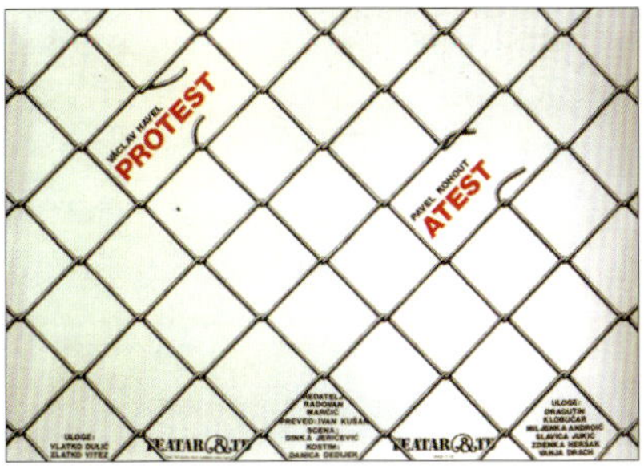

4

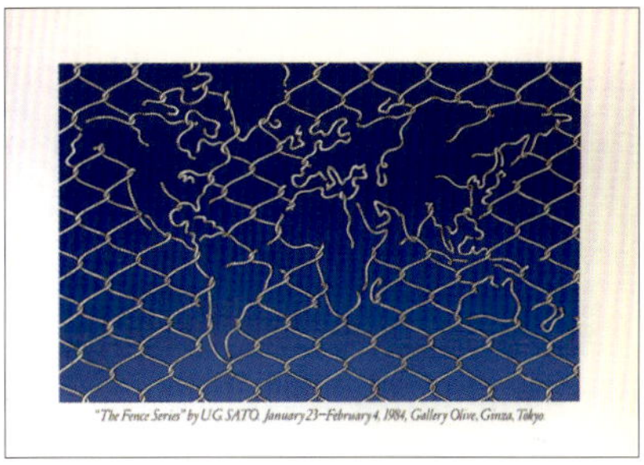

5

6

7

8

9

10

铁丝网

1. 《Vogue》（时尚）杂志封面，1939年
2. 超现实主义杂志封面，1943年
3. 《Othello》（奥赛罗）海报，1978年
4. 《PROTEST ATEST》戏剧海报，1979年
5. 展览海报，1984年
6. Get Out（说出来），反对家庭暴力的广告牌，1991年
7. Get It Now!（马上拿到）海报，2001年
8. 《Land of the Dead》（活死人之地）电影海报，2005年
9. 《The Road to Guantanamo》（通往关塔那摩之路）电影海报，2006年
10. Gelman Thinks海报，2006年

1

2

3

4

5

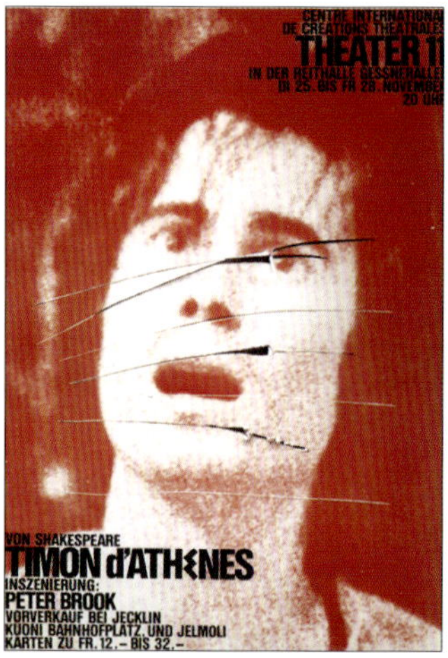

6

7

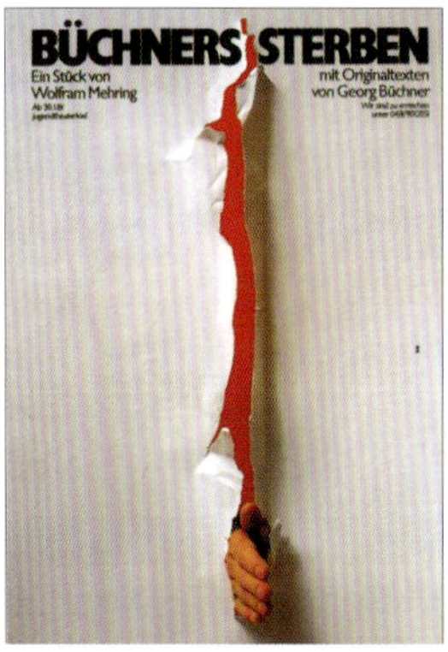

8

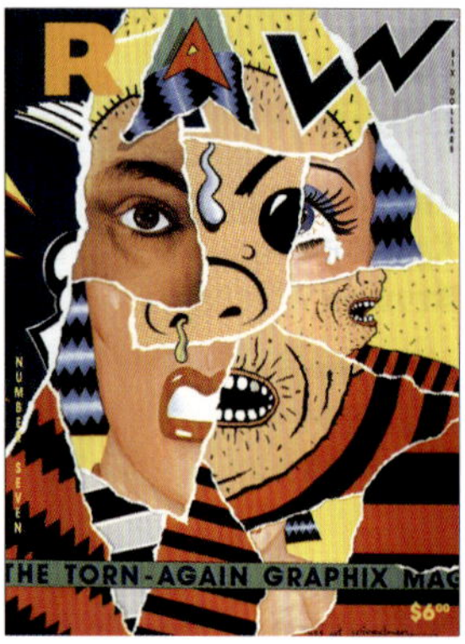

9

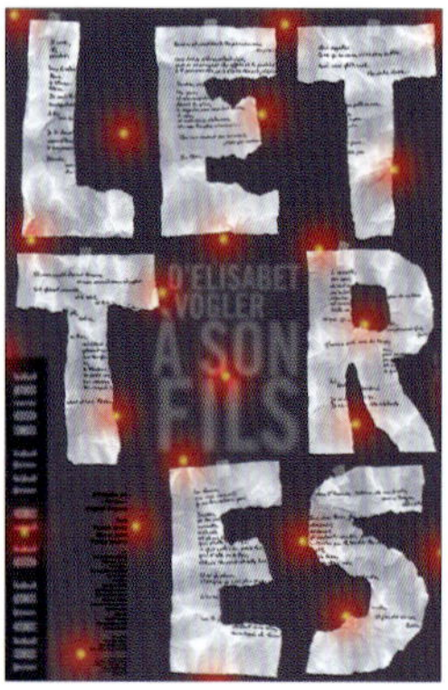

10

撕开的纸张

1. 杂志封面，1939年
2. 《Fortune》（财富）杂志封面，1940年
3. Marilyn Monroe（玛丽莲·梦露）剥拼画，1962年
4. 《Death in the Afternoon》（午后之死）海报，1967年
5. I Want YOU for U.S.Army（美国军队需要你）海报，1972年
6. 戏剧海报，1975年
7. 苏黎世市立美术馆关于1920~1940年美国文化的展览的海报，1980年
8. Büchners Sterben戏剧海报，1981年
9. 《RAW》杂志跨页，1981年
10. Letters of Elisabeth Vogler to Her Son（伊丽莎白·沃格勒写给儿子的信）海报，2002年

1

2

3

4

5

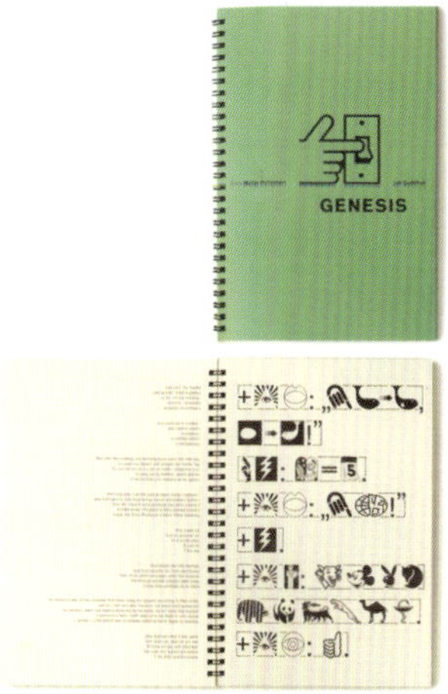

6

7

8

9

10

画谜和字谜

1. 《Le Coeur a Barbe》第一期杂志封面，1922年
2. Let My People Go（释放我的人民）海报，这幅海报借用锤子和镰刀表达了反对前苏联阻止犹太人移民的意愿，1969年
3. Ever Since a Rock was a Stone（石头）and a Roll was a Bun（小面包）广告，1975年
4. Eye,Bee,M（英文发音与IBM相同）海报，1981年
5. Love系列邮票，1984年
6. 《Genesis》（创世纪）封面和跨页，用象形文字来讲述有关创造的圣经故事，1997年
7. fcuk品牌标识，20世纪90年代
8. Ivan Chermayeff（伊凡·契曼耶夫）讲座海报，2004年
9. Total广告，画面中列出了几种早餐的食物，但是单词中缺少了一些字母，如(E)GGS（鸡蛋）等，以此暗示你还需要补充一些维生素，2005年
10. 字谜名片，2006年

第二届国际展

设计师：Milton Glaser

长久以来，设计师们一直想突破二维平面的限制，而电脑的出现使制作虚拟三维画面成为可能。除了环境设计项目之外，纸张一直是平面设计中最常用到的媒介，同时也是一种静态的媒介。在20世纪，许多设计师尝试将纸张塑造成立体形式，或利用图形和摄影技术来超越纸张的局限性，营造视错觉，其中部分人获得了成功。在此列举的是在由Milton Glaser设计的海报，为了成功地营造视错觉，即让海报的边角看似折了下来并使透明的纸张看似覆盖在图形上，这一设计需要与印刷商密切合作。

最早的错视画可以追溯到文艺复兴时期。当时的画家们或许对学院派艺术的生硬风格心生厌倦，因此开始在宗教或风景画上描绘苍蝇，让欣赏者们以为是真正的昆虫落在了艺术作品上。当然，这些都是旨在混淆真假的讽刺性作品。在摄影术得到了广泛应用之后，设计师们可以利用现实和知觉来润饰作品。随着印刷品质的不断提升，错视画所营造的错觉可能非常逼真，甚至会让人情不自禁地想压平被弄皱或折叠的纸张。而现在，使用现代软件制作“具有欺骗性”的视觉作品就像移动一只鼠标一样简单。

对于19世纪的设计师们来说，最大的福音就是喷枪的发明。喷枪是一种创造阴影的工具，而阴影是在印刷纸张上表现维度的最佳方法。一个恰当的阴影可以增添魅力，变平凡为神奇。在这幅海报中，设计师利用了摄影术来营造整体效果，并通过对海报顶角的处理来进一步打破观者的平衡感。

为何以这种方式摆弄纸张？设计在很大程度上也是一种游戏，而游戏必须含有某种奖励。Glaser曾自豪地回忆说：“任何走进我办公室的人在看到墙上的这幅海报时都会试图掀起折叠的一角。”显然，对于设计师来说，没有什么比看到观者被错视画“欺骗”而更感到满意的了。

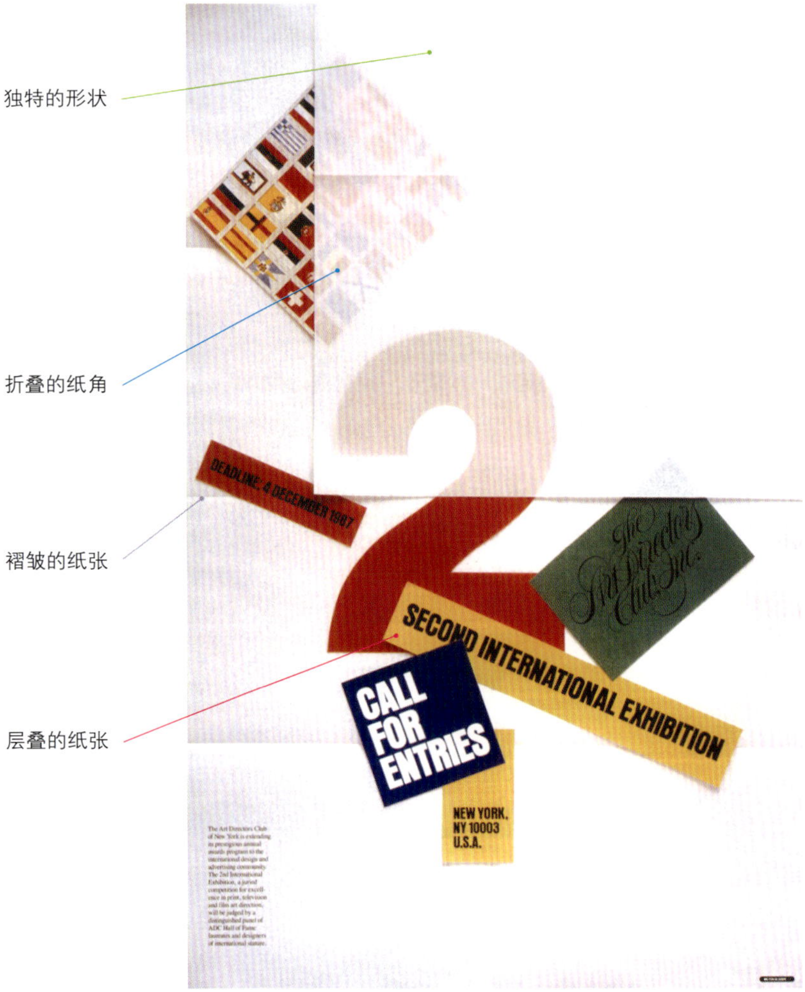

1

2

3

4

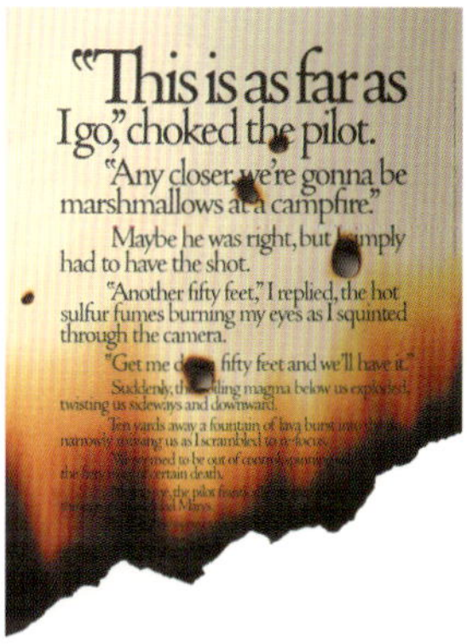

5

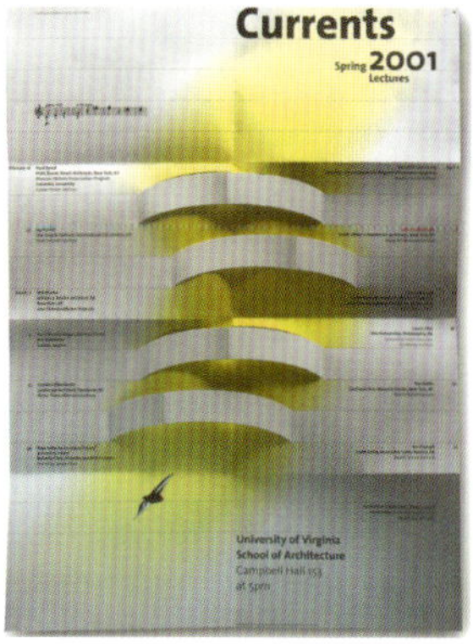

6

7

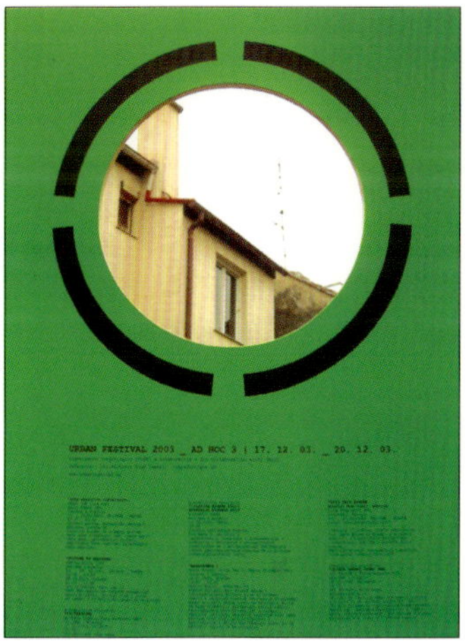

8

9

10

独特的形状

1. Colour Library（色彩库）海报，1987年
2. Give Peace a Dance（为和平舞蹈）海报，1988年
3. Communication & Print（交流与印刷）展览海报，1991年
4. 《Ferrington Guitars》（弗林顿的吉他）图书，1992年
5. This is as far as I go…直投邮件，1992年
6. 建筑学院春季系列讲座的海报，2001年
7. 《Coastal Erosion》（海岸侵蚀）图书，2003年
8. UFO海报，2003年
9. Design & Controversy（设计与论战）海报，2004年
10. Zerfetzte Hoffnungen海报，2004年

褶皱的纸张

1

2

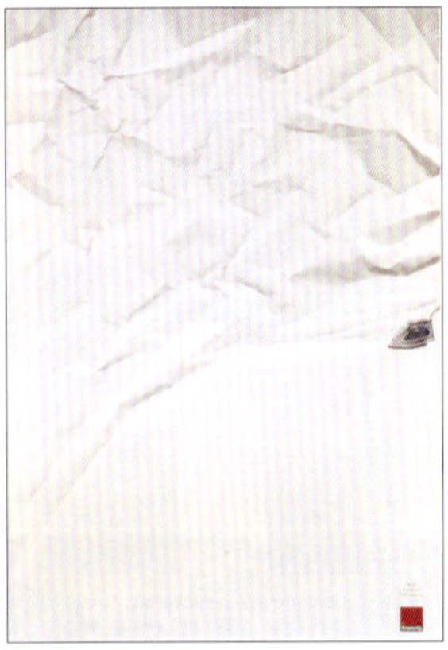

3

4

5

1. 为塞缪尔·贝克特的作品《碎片》的首映设计的海报，1980年
2. 针具交换项目的系列海报，鼓励使用者好好活着，1996年
3. 专业熨斗广告，1998年
4. 纸张展览海报，2001年
5. 《Jamesland》（宽恕）图书护封，2004年

1

2

3

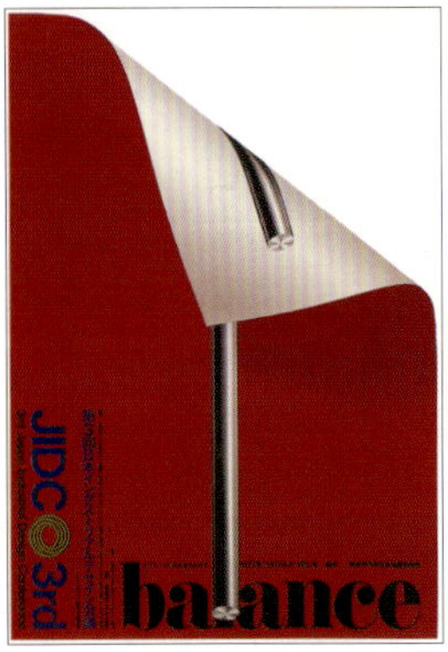

4

5

折叠的纸角

1. 《The Sixth Part of the World》（世界的第六部分）电影海报，1926年
2. Magazine USA标识，1968年
3. 美国平面艺术协会杂志封面，1970年
4. 第3届日本工业设计大会的宣传海报，balance（平衡），1977年
5. 多位知名设计师的讲座的海报，2000年

1

2

3

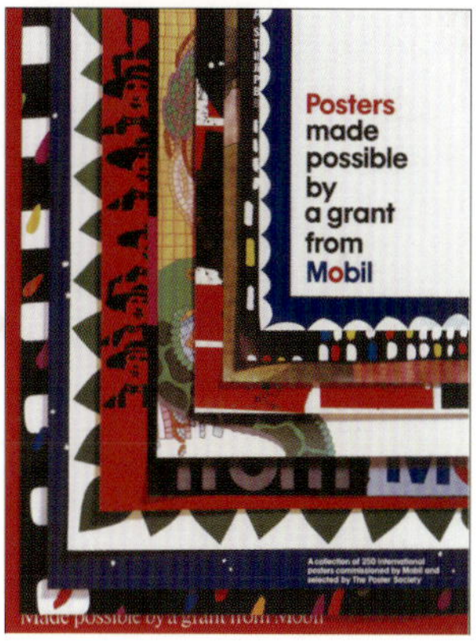

4

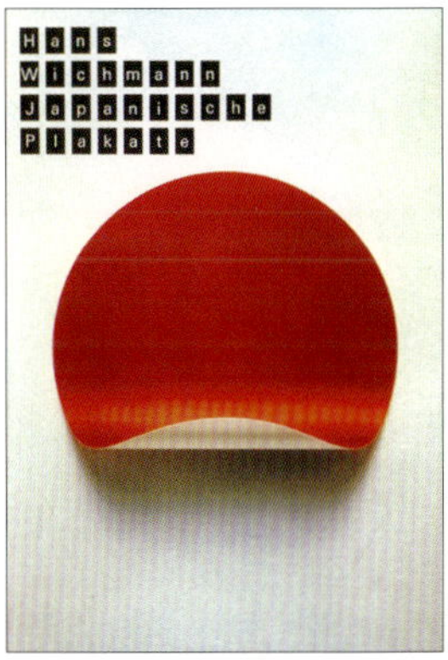

5

6

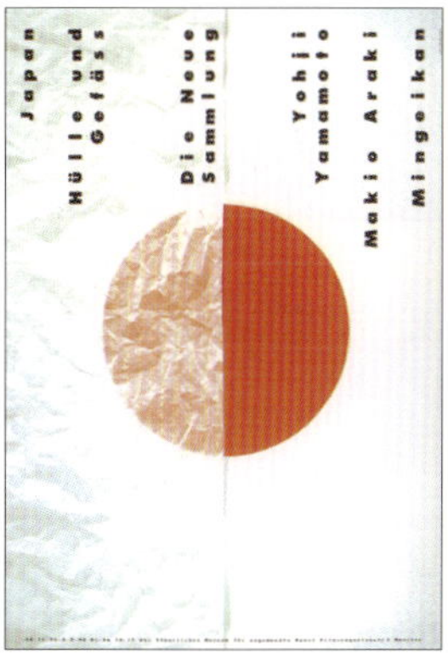

7

8

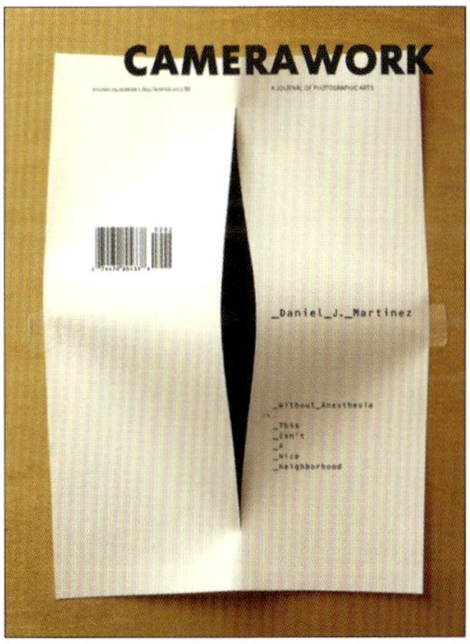

9

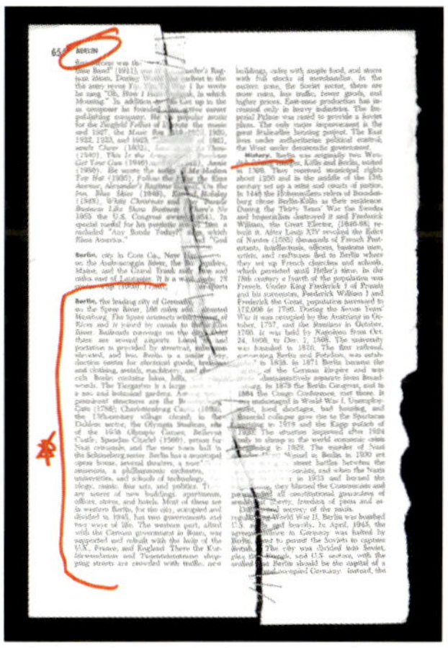
10

11

层叠的纸张

1. Willimantic Spool Cotton海报，1887年
2. 《The Fervent Years》（活跃的年代）图书封面，1945年
3. 《Love in the Afternoon》（黄昏之恋）电影海报，1957年
4. 《Posters Made Possible by a Grant From Mobil》图书封面，1988年
5. Hans Wichmann Japanische Plakate海报，1988年
6. BNO展览海报，1989年
7. 关于日本包装的展览的海报，1993年
8. 《Brand Hijack:Marketing Without Marketing》（品牌绑架：无营销的营销）图书封面，2002年
9. Camera Work海报，2002年
10. 为宣布Pentagram公司柏林办公室的成立而设计的海报，2003年
11. TypeCon海报，2003年

《Song X》

设计师：Stephen Doyle和 August Heffner

1985年，派特·麦席尼（Pat Metheny）发行了一张名为《Song X》的黑胶唱片。到了2005年，派特·麦席尼决定重新灌录该唱片，将其由黑胶唱片制作成CD。唱片的重新发行自然需要同样出众的包装设计，因此，设计师在接受委托后说："我们无法让自己远离XX，谁能？我们希望唱片的封套设计既优雅，又有点粗糙，这是一种非常有趣的组合。我们想办法将原包装包裹起来，而又要突出其差别。这有点像礼品包装，但它是透明的。胶带和错视画能够营造一种粗糙的效果，而胶带上看似透明的文字又能给人一种雅致的感觉。"

擅于利用普通材料的设计师应用微妙的雕塑构思设计了这款包装。用胶带制作的"XX"看似手工粘贴在CD盒上，但实际上却是在塑料表面精心印制而成的，上面还带有仿真的纹理。令胶带下面的文字产生貌似被胶带覆盖的效果可不是一件容易的事情，如果没有准确的组织和精心的印制，就不会产生这种错觉。

在20世纪90年代，由于CD盒的出现使设计师们有机会在一个狭小的空间中创作透明的和半透明的作品。同时，这也要求印刷人员不断追求新的生产工艺，以便设计师们能够利用色彩、纹理和光线等进行创作。与本书中某些风格华丽的作品相比，《Song X》的设计非常简约，但有时候简胜于繁。

在这个包装作品中，设计师仅通过一个在现代设计中经常出现的特征就达到了修饰的效果，即利用不透明的元素体现鲜明的层次感。当需要逐渐显露一条信息的多个组成部分时，牛皮纸等类似的材料就会越来越多地被人们用于封面和CD的设计中。

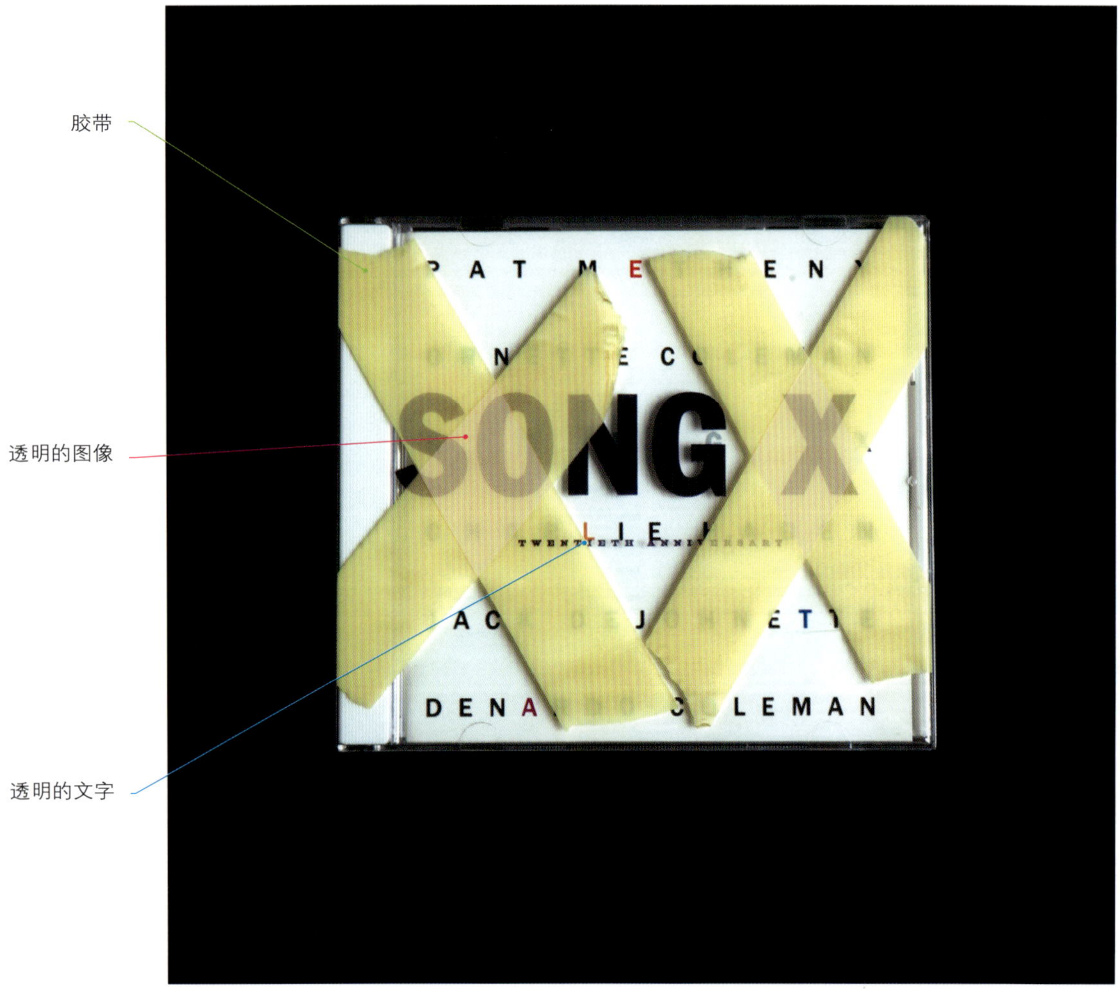

1

2

3

4

5

6

7

8

9

10

11

胶带

1. Kunsthaus Zurich Hans Richter海报，1982年
2. Only Words Until an Artist Uses Them（在艺术家使用它们之前，它们只是文字）海报，1985年
3. California’s Vanishing Wetlands（加利福尼亚正在消失的湿地）杂志封面，1987年
4. Ultra Vivid Scene乐队的专辑唱片封面，1988年
5. 《Typodirection in Japan》图书封面，1993年
6. 《Rent》图书封面，1997年
7. The Chalk Circle or the Story of the Abandoned Doll戏剧海报，2002年
8. 带有字母的包装胶带，2004年
9. 《Inner Mission:Give Heinz a Chance》（内部任务：给海因茨一次机会）图书封面，2004年
10. Iranian Typography（伊朗的印刷术）海报，2004年
11. 《Plus》（加）图书封面，2004年

1

2

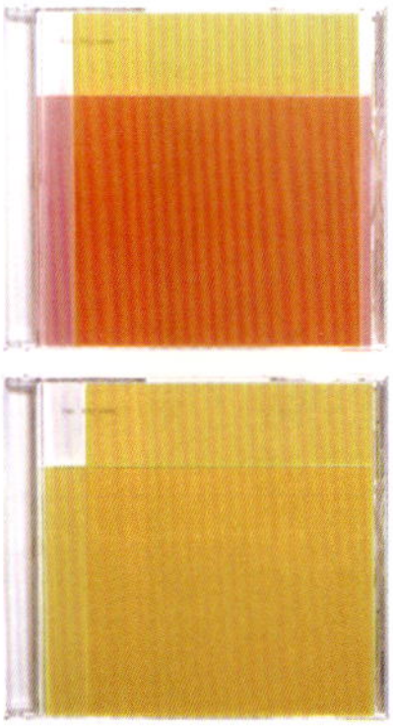

3

4

5

6

7

8

透明的图像

1. 《Through Milan's Fog》（穿过米兰的雾）图书封面，1969年
2. 英格玛《Le Roi Est Mort,Vive Le Roi!》专辑的CD封面，1996年
3. Kenji Ozawa《Dogs》专辑的CD封面，1997年
4. Green Day《Redundant》专辑的CD封面，1997年
5. Pizzicato Five《Happy End of the World》（世界的美好结局）专辑的CD封面，1997年
6. David Bowie《HOURS》（时光）专辑的CD封面，1999年
7. CD包装，1999年
8. Kahimi Karie《Journey to the Centre of Me》专辑的CD封面，2000年

1

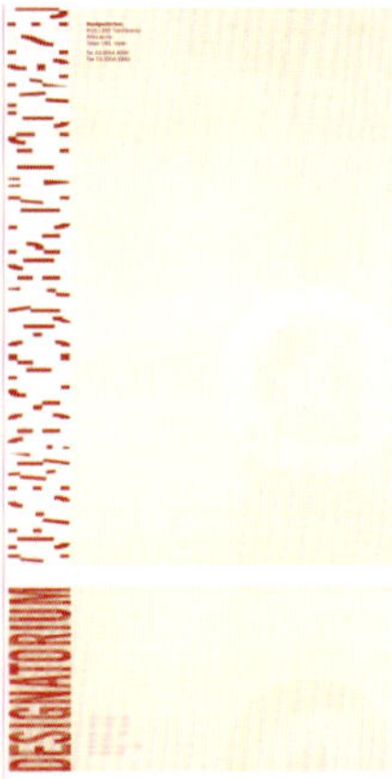

2

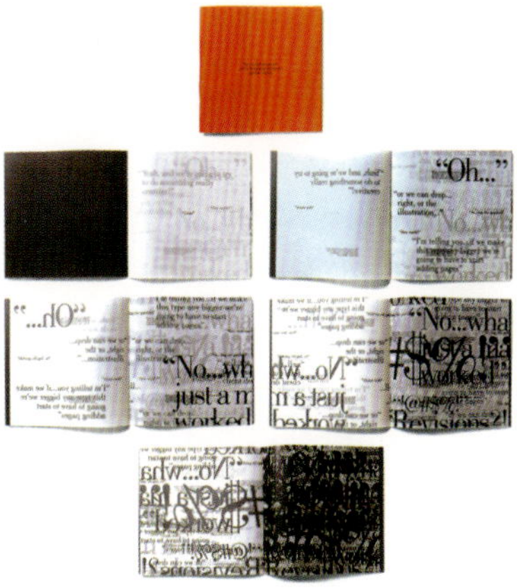

3

4

5

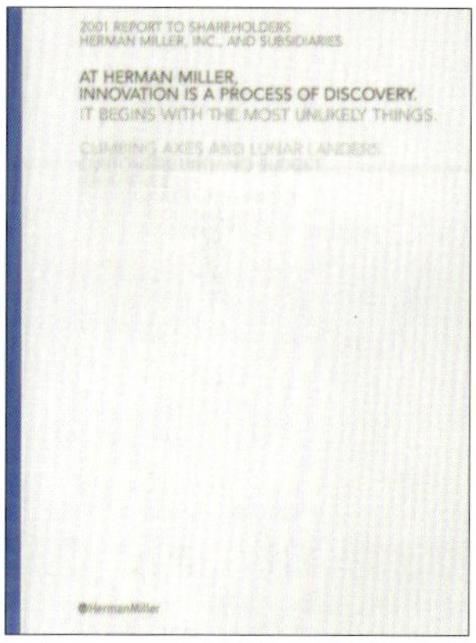

6

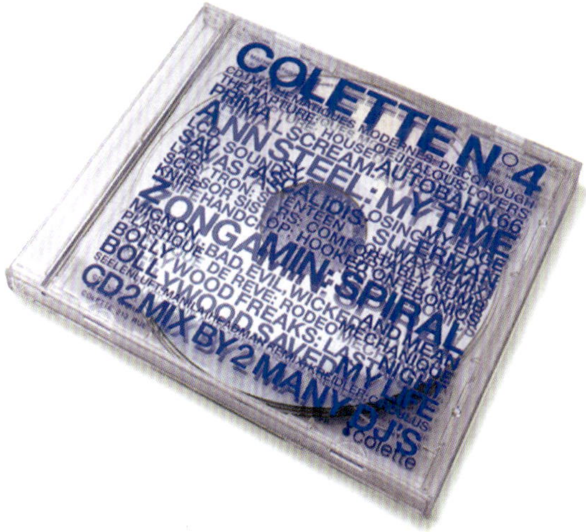

7

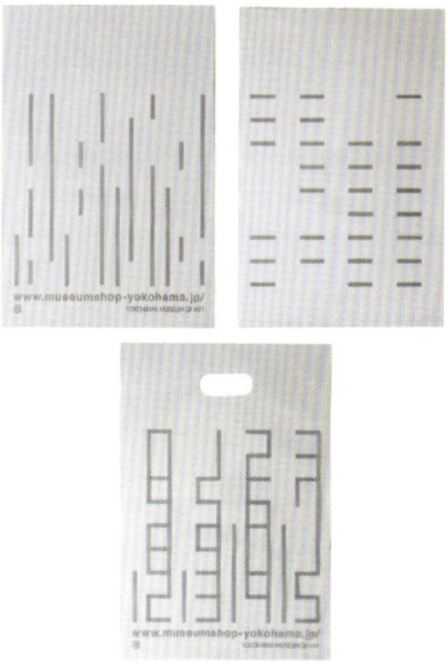

8

透明的文字

1. 平面设计展览的邀请函，印刷在牛皮纸上，1959年
2. Designatorium信笺，折叠后可以看到名字，1993年
3. 《So You Just Found Out》宣传册跨页，1993年
4. 《Himmelslichter》（天堂之光）专辑的CD封面，1998年
5. 《Inside》图书封面，2001年
6. Herman Miller公司年度报告，2001年
7. 《Colette N°4》专辑的CD封面，2002年
8. 横滨美术馆购物袋，2004年

视觉艺术学院

设计师：James Victore

涂鸦是一种历史悠久而又富有争议的艺术形式。纽约的涂鸦艺术家们用“wild style”（一种涂鸦风格，这种风格较乱，字母之间互相串联，而且字型扭曲，色彩选用也很绚丽）来描述都市涂鸦复杂的连笔字体，这是一种20世纪晚期在城市街头尤其是地铁里常见的一种杂乱而奇怪的视觉语言。

涂鸦艺术家们经常将手写体、印刷体和超现实主义漫画等融合起来拼写设计者的标识或签名。wild style已经成为一种流行艺术。一流的涂鸦艺术家们开始在画廊展出作品，而艺术评论家和历史学家也将涂鸦写入了流行艺术史。商业上的成功和大众传媒的共同选择使这种视觉语言变成了一种时尚代码，越来越多的仿涂鸦作品开始出现在封面、海报、广告和衣服标签上。此处列举的海报设计就利用了经典的涂鸦和其他平面设计元素，为这家位于纽约市中心的顶尖艺术学院做宣传，同时也对街头艺术影响视觉展示的方式及其文化意义做了批判性评论。

除了采用涂鸦元素作为视觉艺术学院的签名以产生戏谑的效果外，设计师还使用了另一种技法，即丑化脸部。由于公众的注意力全部集中于签名这种最常见的涂鸦形式，因此马塞尔·杜尚（Marcel Duchamp）曾蓄意为蒙娜丽莎画像添加了短须和山羊胡。这是一种“破坏”行为，但实际上，这也正是涂鸦艺术的核心，是反标识者和反品牌者抗议全球化的一种方式。

Victore 通过互联网收集了大量图片，这类主题图片通常展示摆着各种姿势的个人、夫妻、家庭成员等。若受预算限制无法自行拍摄图片时，广告和编辑设计人员往往会大量使用这类图片。为了制作一幅由这些元素构成的抽象拼贴画，Victore模仿了一个经典商业广告的设计，这对忠于时代精神同时传授艺术真理的艺术学院来说无疑是一种讽刺。

涂鸦

丑化脸部

1

2

3

4

5

6

7

8

9

10

涂鸦

1.《Aaron Loves Angela》电影海报，1975年
2.《Neu!》专辑的CD封面，2001年
3.《Fraud》图书封面，2001年
4. Basement Jaxx（地下室混音小子）《Get Me Off》专辑的CD封面，2001年
5.《Iphigenie en Aulide》（伊菲姬尼在奥利德）海报，2001年
6. Pink《Missundaztood》（误会大了）专辑的CD封面，2001年
7.《The Banger Sisters》（摇滚姐妹）电影海报，2002年
8. AI《Playboy Life》专辑的CD封面，2003年
9. Marvelous《Just in Time》专辑的CD封面，2006年
10. Nothing Beats the Pepsi（百事就是百事）杂志广告，2006年

1

2

3

4

5

6

7

8

丑化脸部

1. 在《蒙娜丽莎的微笑》的印刷品上用铅笔涂画，1919年
2. Shop At Ohrbach's广告，20世纪60年代
3.《Esquire》（时尚先生）杂志封面，1967年
4. Storm Models（暴风雨模特公司）广告，1998年
5. Captain Morgan Rum（摩根船长朗姆酒）广告，2000年
6. Disgruntled（不满的）标识，2004年
7. 约翰·霍普金斯电影节海报，2005年
8.《The Queen in Hell Close》图书封面，2005年

服饰品牌

设计师：Art Chantry

达达是一场反艺术的艺术运动，而Art Chantry是一位反设计的设计师，其作品已使平面设计远离那些较精致的惯例，转向天然的审美方向。Chantry将平面设计视为一种商业化的民间艺术，因此，他经常像一位民间艺术家一样创作作品，没有任何矫揉造作。

在为Urban Outfitters的推广活动设计海报时，他采用的是由他率先提出的“工业化工具”的风格。他在20世纪50年代的一本核工业杂志中发现了有关于复杂的机器部件的细部设计的图片。他认为，所有的插图都是由核反应堆部件构成的这种创意将非常吸引人，而Urban Outfitters也希望以这种工业化的外观来装饰其店面。此处展示的海报被设计为成套的内部装饰物件，贴满了整个店面。

设计师解释说：“我将相同的图片打印两次，故意不套准颜色，并使其颜色近似于一本3D连环漫画书的颜色。这个创意就是要营造貌似3D的宣传广告。他们会在店内发放3D眼镜，以便人们能够观看这些海报。但实际上，这些海报根本没有3D的效果，它只会使每个人感到头晕，而我们也比较享受这一过程。”

海报下方宣传标语的设计灵感来源于纸板火柴的设计，而在每张海报的边角处，设计师还放置了一个荒谬的公司标识，这是他为Urban Outfitters专门设计的标识，模仿了20世纪40和50年代常见的工业标识的设计。他说：“这些海报采用胶印机印刷，印刷成本低得令人难以置信，而廉价和粗糙正是我们想要的效果。实际上，这次的运输成本还要高于印刷成本。”

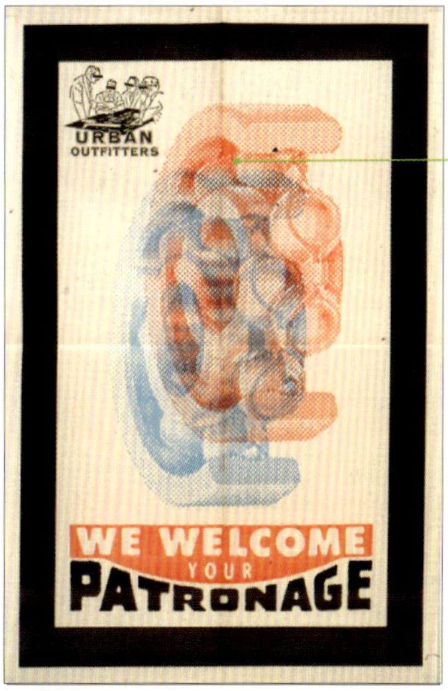

半色调

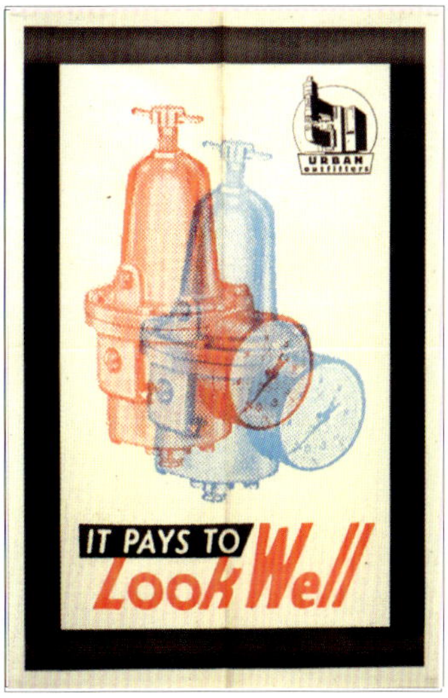

叠影

1

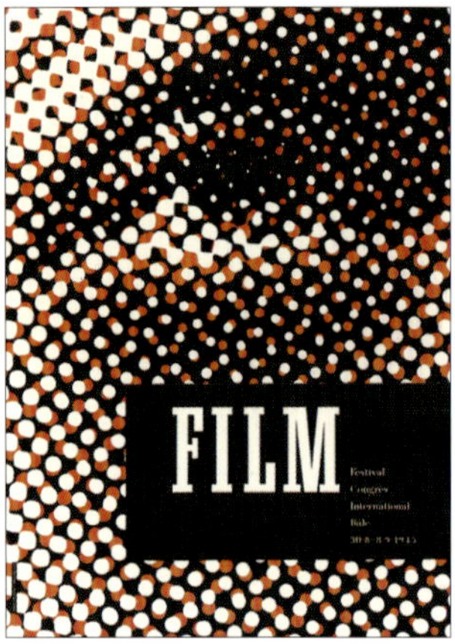

2

3

4

5

6

7

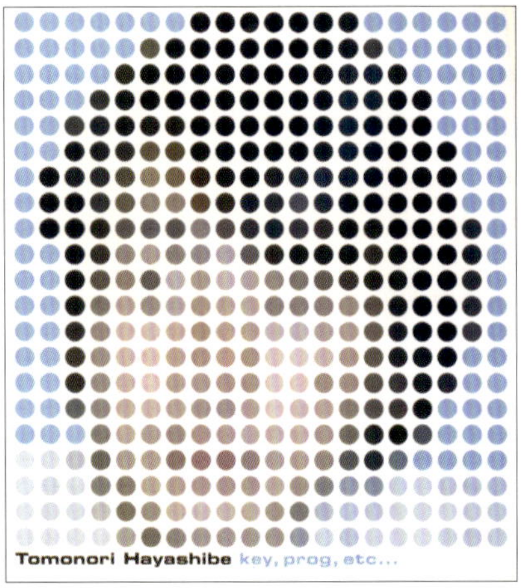

8

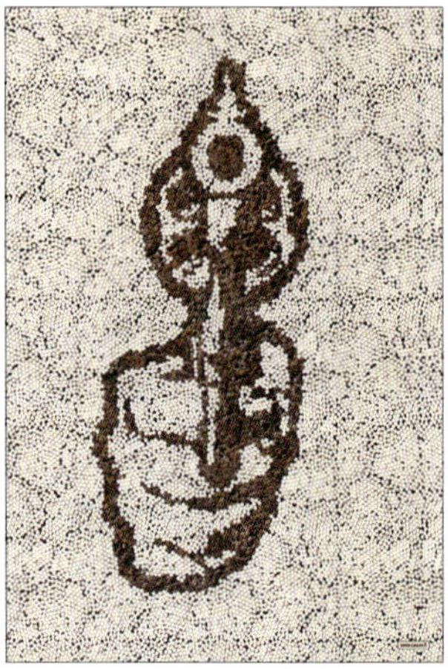

9

10

半色调

1.《Sunday Afternoon on the Island of La Grande Jatte》（大婉岛上的周日午后）绘画，1884~1886年
2. 电影节海报，1945年
3.《Magnifying Glass》（放大镜）绘画，1963年
4. Feydeau: La Puce a L'Oreille海报，1972年
5. Quincy Jones（昆西·琼斯）小册子封面，1972年
6. The Mexican Museum 20th Anniversary（墨西哥博物馆20周年）海报，1997年
7. Concerts de Radio France（法国电台音乐会）海报，2000年
8. Plus-Tech Squeeze Box乐队《Fakevox》专辑的CD封面，2001年
9. 芬兰癌症协会宣传活动，图形由烟蒂组成，2005年
10. 施明德的肖像，杂志封面，2006年

1

2

3

4

5

6

7

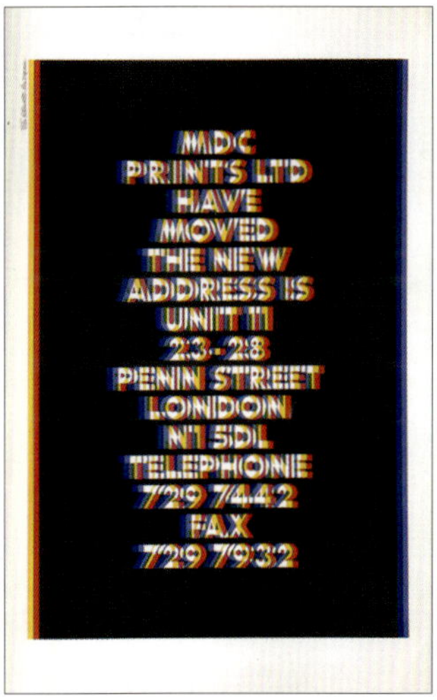

8

9

10

叠影

1. 印度人的祈祷书，这是有限的印刷技术的一种体现，在工业发达的国家，实验性的作品会使用这种元素
2. He's moving!（他在移动）海报，1950年
3. 摇滚，图书跨页，1958年
4. Triple Elvis（三个猫王），1962年
5. Cummins Diesels（康明斯柴油机）目录册封面，1963年
6.《The Swing Era》（摇摆年代1940~1941年）封面，1970年
7. Color Separation（分色）小册子，1985年
8. MDC Prints Ltd Have Moved（MDC印刷公司搬家了）卡片，20世纪80年代
9. Bacardi Spice（百加得酒）广告，1995年
10.《National Design Journal》杂志，2005年

凯瑟琳·施耐德

设计师：Jeremy Mende

在20世纪10和20年代，未来派和达达派艺术家们在废旧报纸和其他印有文字的纸张上叠印各自的宣言和信息，从一定意义上讲，他们是在表示对传统审美艺术和设计标准的蔑视。后来，叠印演变成一种设计表现形式，用时下的行话讲，它已经成为一件“酷”事，因为它给人一种漫不经心的感觉，认为平面设计（或宣传推广）不是约定俗成的，其创作目的仅仅是为了直接的大众消费。叠印作品越是特别，就越能吸引人们的注意力；外观越凌乱，内涵就越丰富。如今，在各种纸张的上面进行叠印已经成为一种常见的设计构思。

雕塑家凯瑟琳·施耐德作品展的宣传海报采用老式墙纸印刷，其独特的外观散发出一种即兴创作的气息。这套丝印海报共有五张，采用了三种设计技巧来吸引人们的注意。首先是巧妙而朴实的叠印风格；其次是随意裁切的粗斜体字，凯瑟琳·施耐德的名字似乎是因操作不熟练而被裁切的；第三是海报的构思，要想完整地看到姓名，人们必须将这些碎片粘贴在一起。

每个碎片的视觉概念都应是真实可靠的，实际上，这种“连续张贴”是在12或24幅广告牌上张贴海报的常用方法——海报先以单张或独立片段印刷，然后粘贴在一起，完整地呈现一个信息。这种设计灵感可能源于简单的印刷错误，当图像的位置不正确或未居中时，就可能被裁切掉一部分。有些设计师模仿这种印刷错误，先从右侧将海报的主要部分裁掉，然后让裁掉的部分又出现在左侧，因此无论将海报张贴在右侧还是左侧，这个“错误”都可以被纠正。

还有些设计师将图像或词语的片段印刷在单条横幅或单张纸上，然后按照不同的角度将它们连续悬挂起来，这样，只有相隔一定的距离，人们才能从整体上观看到完整的信息。近年来，有些封面系列就利用截然不同但又相互关联的图像来拼写出一个更大的信息。这种裁切文字或图像的设计技法既是出于纯粹的美学要求，也可用于增进记忆。以本作品为例，在粘贴这些海报之前，路人可能并不知道谁是凯瑟琳·施耐德，但由于不同设计元素的组合，人们一定会对她的名字留有印象。

1

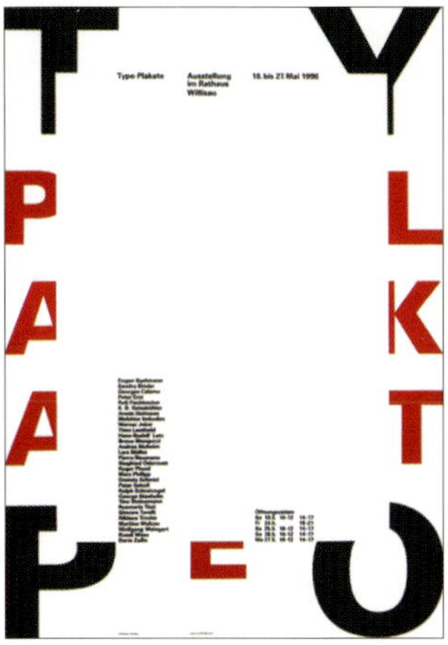

2

3

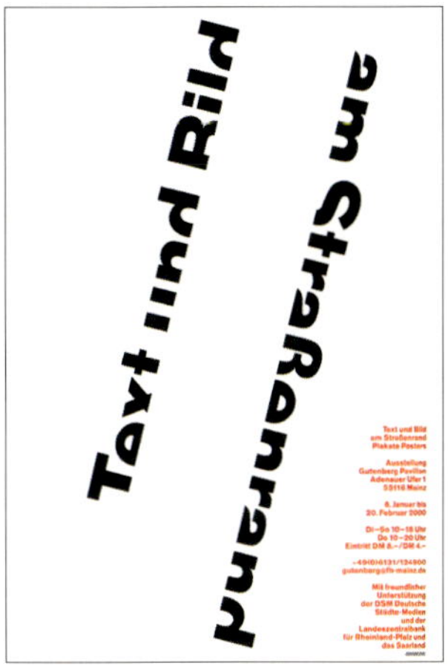

4

5

6

7

8

9

不完整的文字

1. Speak，杂志封面，1996年
2. Typoplakate展览海报，1996年
3. Design as Therapy讲座宣传海报，1998年
4. Text and Picture at the Roadside（路边的文字与图像）海报，2000年
5. Lyceum海报，2002年
6. 《The Taming of the Shrew》（驯悍记）海报，2002年
7. Gosen，U Can Rave II黑胶唱片封面，2003年
8. 《纽约杂志》封面，这期杂志有一篇关于新现代艺术博物馆（MoMA）的文章，2004年
9. 《SoHo: Cohabitating Isn't Intellectual》（SoHo一族：共居一室是不明智的）年刊封面，2005年

1

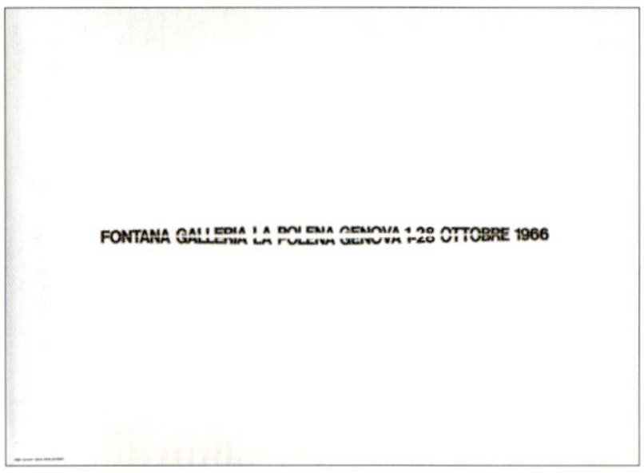

2

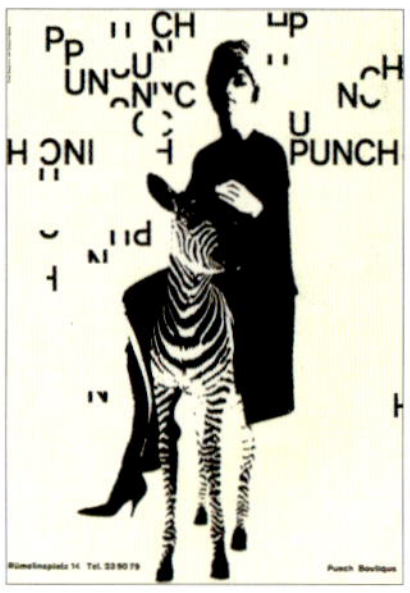

3

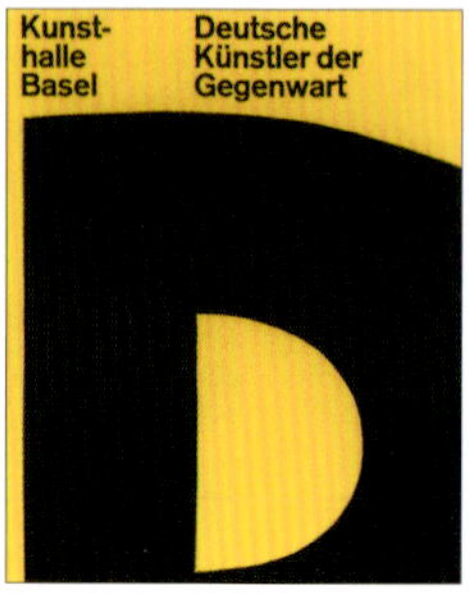

4

不完整的文字

1.《A Paul Rand Miscellany》（保罗・兰德杂集）封面，1984年
2. Fontana,Galleria La Polena展览海报，1966年
3. Punch海报，在瑞士，为精品店制作的黑白海报被称为Punch，1961年
4. Deutsche Künstler der Gegenwart目录册封面，1959年

1

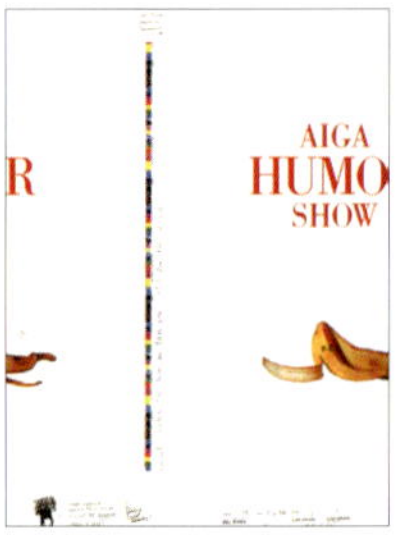

2

3

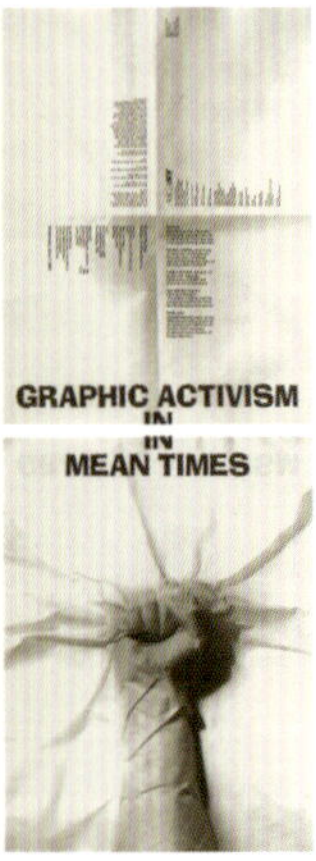

4

5

6

裁切图像

1. Wash Up!（洗脸），湿毛巾的产品包装，1959年
2. AIGA Humor Show（美国平面设计师协会幽默秀）征稿海报，1986年
3. 爱尔兰光头女歌手Sinead O’Connor（谢妮德・奥康娜）杂志封面，1990年
4. Graphic Activism in Mean Times讲座宣传海报，1995年
5. 纽约车身广告宣告了Crate & Barrel商店的开业，1995年
6. JUMP!CREATIVE公司的名片设计，2005年

1

2

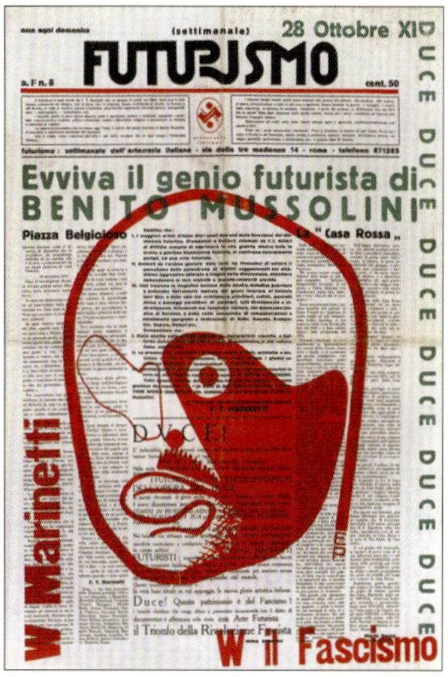

3

4

5

6

7

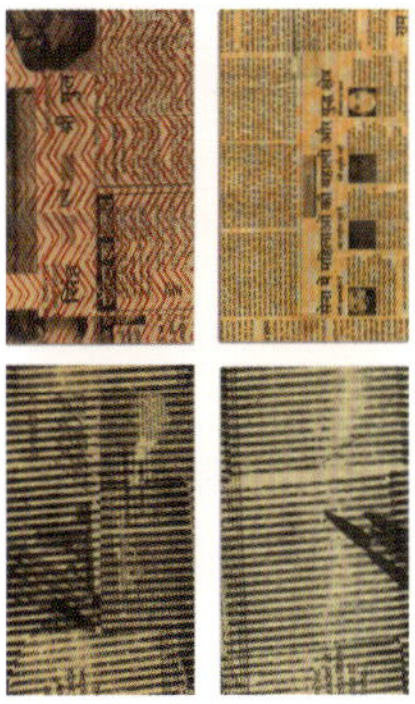

8

9

10

11

叠印

1.《Dada Anthology》（达达选集）封面，1919年
2. The Red King（红毛国王），印花墙纸上的墨水，1920年
3.《Futurismo》报纸，表现了未来派运动与法西斯党的交锋，1933年
4. 舞会邀请函，印刷在旧报纸上，可折叠出领带的样子，1938年
5. 音乐剧《Little Shop of Horrors》（恐怖小店）海报，印刷在鲜花包装纸上，1998年
6. Kunstszene Zürich 2000海报，1999年
7. Einladung 2001邀请函，2001年
8. 将图案叠印在报纸上，将它们变为信封再次使用，2003年
9.《Adam D.Tihany: Designing in Rome》（亚当・蒂哈尼：罗马设计）图书封面，封面由校稿制成，2003年
10. The Vines & Jet海报，在墙纸上用模板喷漆，2004年
11.《Nicci Goes to Hollywood》（尼西去好莱坞）杂志封面，2005年

绝对伏特加广告

设计师：TBWA/Chiat/Day

多年以来，Absolut vodka（绝对伏特加）的广告始终坚持一个基本的概念性原则，即把酒瓶置于各种诱人的图像和令人难忘的口号中。该品牌通过不断引入新的时尚风格来灵活地利用时代精神，例如，每当推出新口味时，设计师都会在其作品中加入新的视觉概念。

Absolut的许多广告都曾在“新装饰主义”这种新潮流的形成过程中起过推波助澜的作用，为促销辣椒味、柠檬味、柑橘味、黑加仑味、香草味和桑葚味伏特加而创作的系列广告就是其中一例。透过后现代主义的扭曲镜头，我们可以在其中发现装饰艺术、幻觉艺术、欧普艺术和波普艺术等各种艺术风格的身影。每一幅鲜艳夺目的设计作品分别借用了白云、星光、鲜花、高山及大量几何图形作为装饰，使酒瓶看起来就像是王冠上的珠宝。为了增强艺术效果，设计师通常还会添加一个爆发或彩虹式的图案，在酒瓶顶部形成一个光环。整幅作品就是一个令人拍案叫绝的图形和色彩的展示，表现出一个喧闹的俱乐部、一个沐浴着阳光的小岛，或者一条虚构的商业街道。

这种设计的亮点在于它能利用并支配现有的平面设计语言。由于纯粹主义和简约主义的衰落，这次宣传活动中所采用的繁复的装饰风格与雅致素朴的酒瓶形成了鲜明的对照。而且，正如酒瓶的比例需要经过精心设计一样，平面设计图形的比例也要经过精心策划和编排。虽然该设计并非完全对称，但其中的某些元素都旨在产生一种引人注目的效果。

1

2

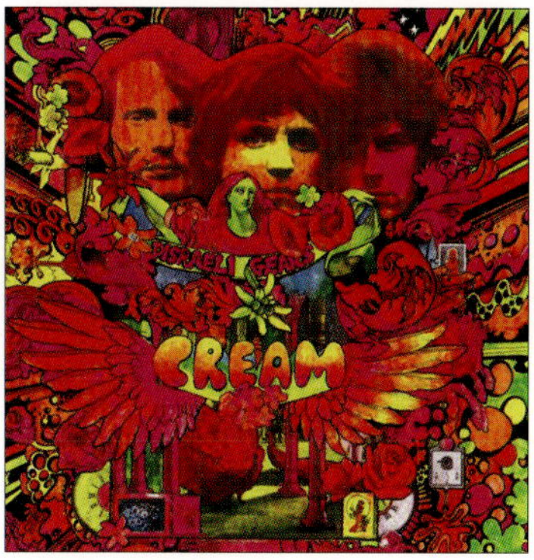

3

4

5

6

7

8

插画

1. 披头士乐队《Revolver》（左轮手枪）专辑的封面，1966年
2. Bee Gees 1st（比吉斯兄弟乐队）专辑封面，1967年
3. Cream乐队《Disraeli Gears》（迪斯雷利的齿轮）专辑的封面，1967年
4. This is a Magazine—Love,The Universe and Everything（这就是杂志——关于爱、宇宙和每件事）杂志封面，2002年
5. Jet乐队《Get Born》（新生）专辑的CD封面，2003年
6. Latent Insect（隐藏的昆虫）插画，2005年
7. Sheryl Crow《Wildflower》（野地狂花）专辑的CD封面，2005年
8. 英菲尼迪汽车广告，2006年

1

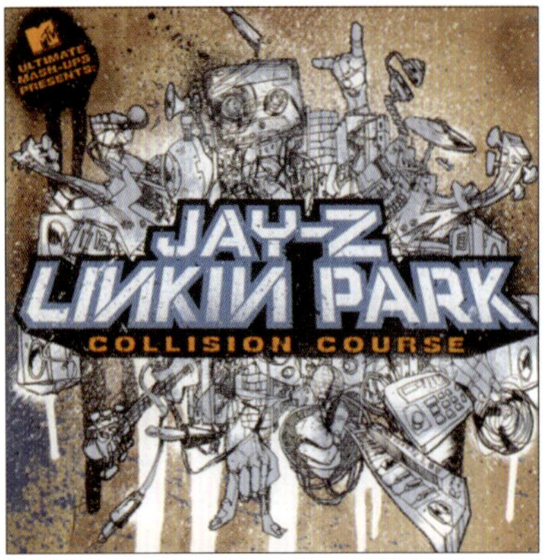

2

3

喷漆

1. Post No Bills（禁止张贴）杂志封面，1997年
2. Linkin Park（林肯公园乐队）与Jay-Z合作的《Collision Course》专辑的CD封面，2004年
3. Lady Sovereign《Vertically Challenged》（垂直挑战）专辑的CD封面，2005年

1

2

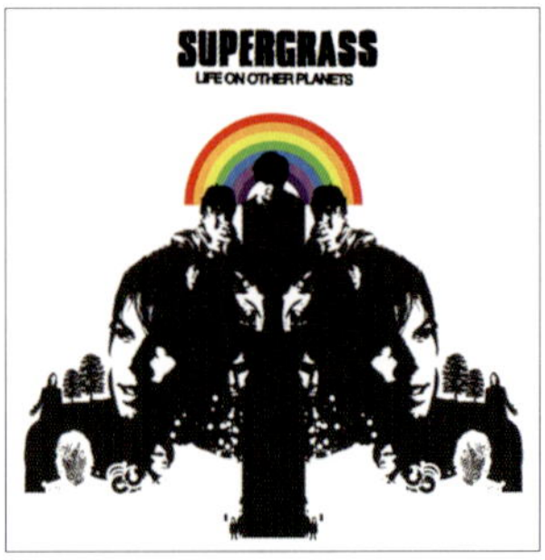

3

4

5

6

7

对称

1. F. Champenois海报，1898年
2. Hapshash & The Coloured Coat乐队《Featuring the Human Host and the Heavy Metal Kids》（人宿主和重金属儿童的特点）专辑封面，1967年
3. Supergrass乐队《Life on Other Planets》专辑的CD封面，2003年
4. The Solid State Tour（固态旅行）海报，2004年
5. The Emperor of Void（空虚之王）海报，2004年
6. 安特卫普儿童艺术节海报，2005年
7. 1001 Nights（一千零一夜）插画，2005年

1

2

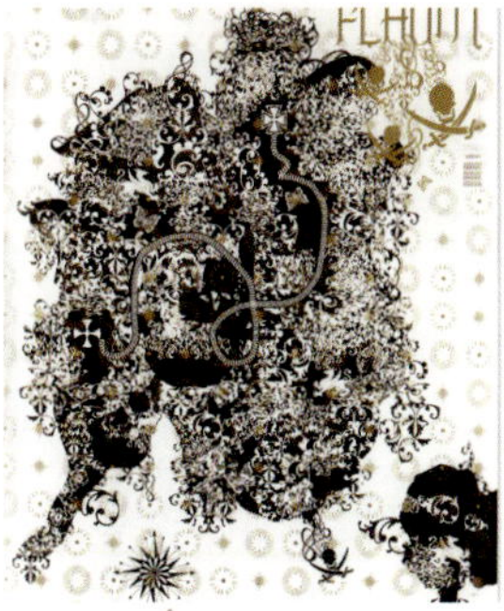

3

4

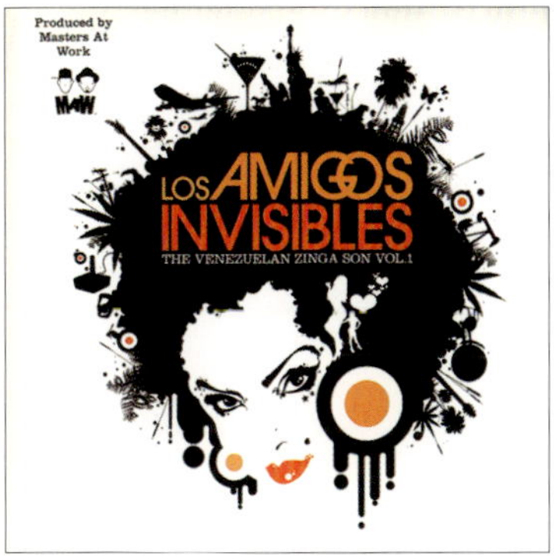

5

6

7

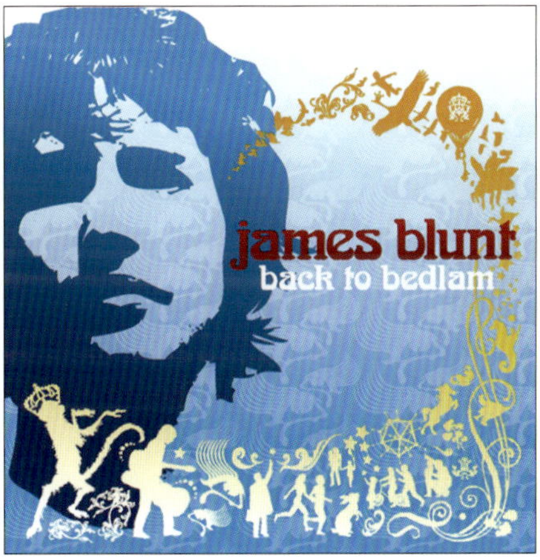

8

9

10

矢量艺术

1. The Peacock Skirt（孔雀裙）插画，1893年
2. 雪碧易拉罐产品设计，2003年
3.《Flaunt》杂志封面和海报，2003年
4. Semi-Permanent 04 封面，2004年
5. Los Amigos Invisibles组合《The Venezuelan Zinga Son》专辑的CD封面，2004年
6. Reversing the Effects of Britney Videos, One Child at a Time（逆转布兰妮音乐视频的影响，一次一个孩子）海报，2004年
7. Mara Carlyle《I Blame Dido》（我责怪恶作剧）专辑的CD封面，2005年
8. James Blunt《Back to Bedlam》（不安于室）专辑的CD封面，2005年
9. 可口可乐瓶装产品设计，2005年
10. Andy Caldwell《Late Night With Andy Caldwell》专辑的CD封面，2005年

太阳双子

设计师：Stefan Bucher

在这个流行电脑下载的时代里，CD的封面设计更多地被用来表现一种情绪或者行为概念。如今的CD设计不一定与音乐有关，但是必须传达出艺术家的一种观念或者态度。Stefan为英国电子乐双人组合设计的CD图像就呈现出一种更为科幻的、抽象的和迷幻的风格。

设计师从18世纪或更早期的视错觉图形中找到了灵感，即一种颠倒的图像，无论是面部、身体或其他任何事物，将上下倒置都是一样的，因此无论怎样做都无所谓对错。在19世纪，这种视觉技法常见于儿童书籍中。而在20世纪，它常用于杂志的封面设计中。有时候，这种风格只是一种镜像，或者是两种图像形成微妙的阴阳变化等其他情况。这种设计构思还可以用于创造概念，如体现“好消息和坏消息”的杂志封面设计，将争论的两种观点都体现在一个画面上。除了图像之外，设计师在标识和标题的设计上也应用了颠倒风格。由反转图像而取得的貌似平衡的完美可以产生一种未来派的超现实主义视觉效果。

在此作品中，为了进一步强调CD封面的未来派风格特点，设计师使用了当下流行的数字字体。这原是基于计算机读出设备的限制，但现在却发展成为一种设计构思。构成字母的圆点图案的创作灵感来源于最早的计算机读出设备、自动收报机纸条上的圆形打孔和新闻公告牌上的闪光读取器，如纽约时代广场时代大厦上著名的环绕一周的公告牌。CD封面上处于背景位置的火焰冲天而起，照耀天际，使数字字体看似有一些闪动。由如上设计元素融合构成的图像有效地唤起了大众对电子乐艺术流派的感知。

1

2

3

4

5

6

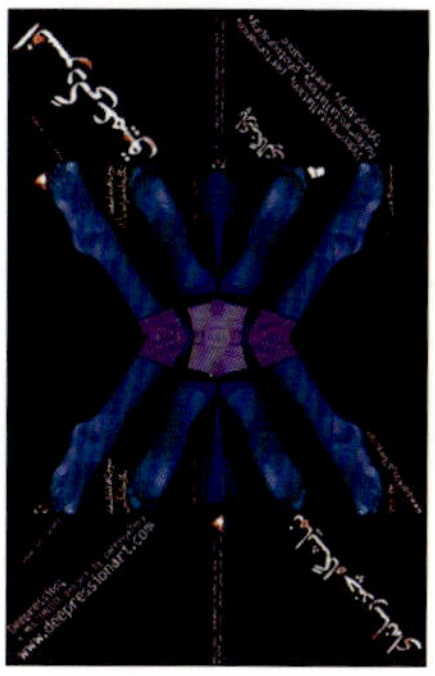

7

8

9

10

镜像

1.《The Inland Printer》杂志封面，1894年

2. Battle Ship Potemkin（波坦金号战舰）海报，1926年

3.《Zoom》杂志的广告，Against Eye Pollution（反对视觉污染），1972年

4.《Face to Face》（面对面）电影海报，1976年

5. The Alan Parsons Project乐队《Ammonia Avenue》（阿摩尼亚大道）专辑封面，1984年

6.《Wired》（连线）杂志跨页，1995年

7. 伊朗艺术家论坛展览海报，2004年

8. 关于Ying Yang Twins（YYT）的杂志文章，设计概念为"twins"（双胞胎），2005年

9. 戏剧节邀请函和海报，2005年

10.何见平香港展海报，2006年

1

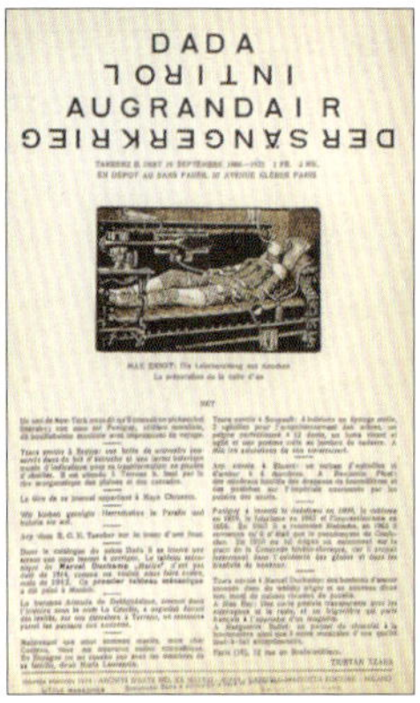

2

3

4

5

6

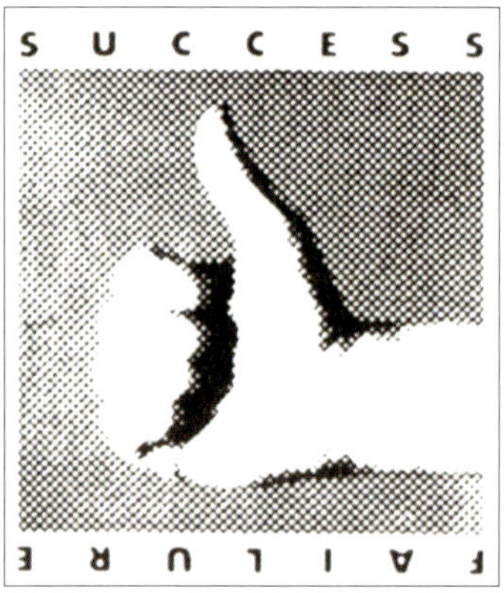

7

8

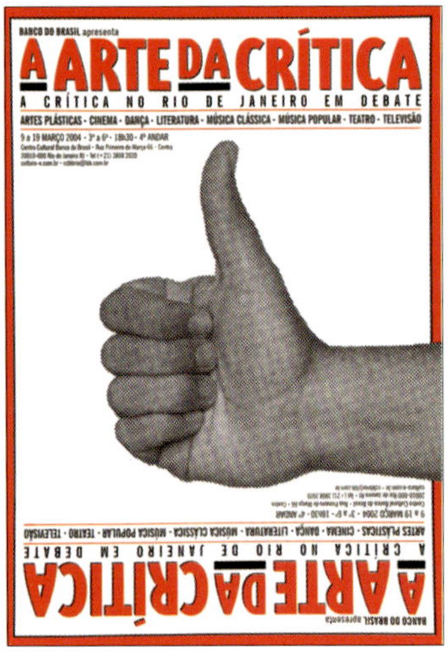

9

10

11

颠倒图像

1.《The Vegetable Gardner》（蔬菜园丁）油画，颠倒画面可看到一个园丁，1590年
2. Dada In Tirol（达达在蒂罗尔）杂志封面，1921年
3.《Modern Priscilla》（现代普里西拉）女性杂志封面，1928年
4. Black Power / White Power（黑色力量，白色力量）海报，1967年
5. 家具展和美国国家航空航天局两份邀请函，1984年
6.《Profane and Sacred》（亵渎和神圣）海报，1986年
7. Success / Failure（成功，失败）海报，1987年
8. Choose or Lose(选择还是失去）海报，2000年
9. The Art of Criticism（批评的艺术）海报，2004年
10. 戏剧节海报，上下颠倒分别代表了喜剧和悲剧，2004年
11.《插画师协会年鉴》，2005年

1

2

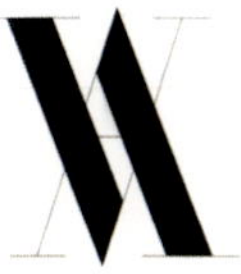

3

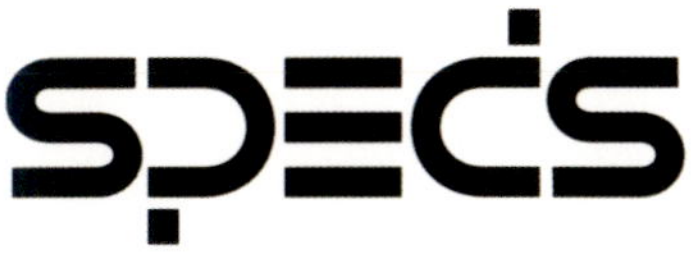

4

颠倒标识

1. New Man，1966年
2. Truce，2002年
3. VA，20世纪60年代
4. specs，1993年

1

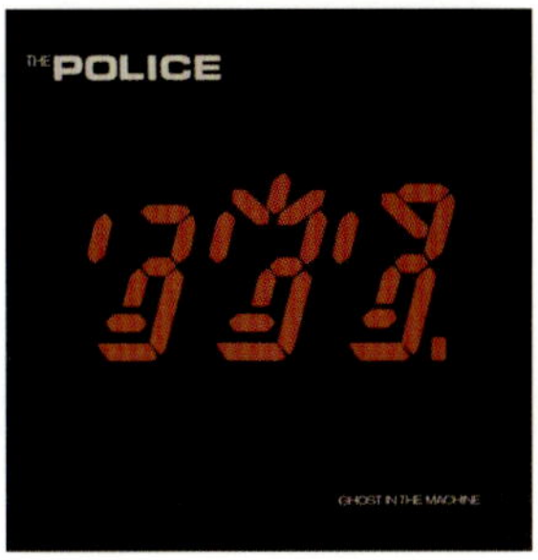

2

3

4

5

6

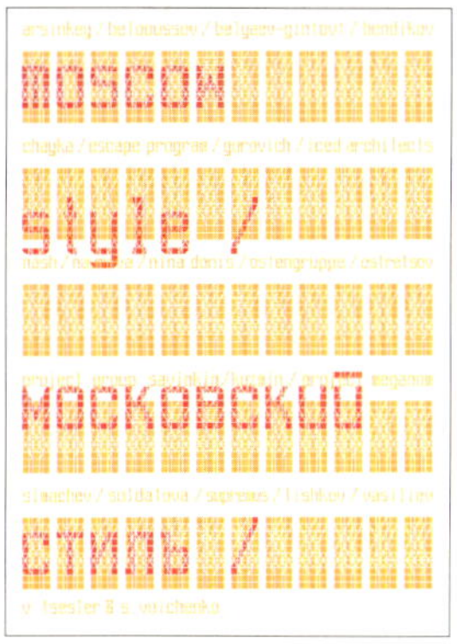

7

数字字体

1. Buggles乐队《Video Killed the Radio Star》（电视杀死了广播明星）专辑的封面，1980年
2. The Police乐队《Ghost in the Machine》（机器闹鬼）专辑的封面，1981年
3. 在高分辨率字体出现之前为电脑设计的点阵字体，1985年
4. 为世锦赛设计的海报，1995年
5. FUZZ LIGHT YEARS乐队《Pop Attacks》（流行的冲击）专辑的封面，2002年
6.《Guide to Ecstacity》图书，2003年
7.《Moscow Style》（莫斯科风情）图书封面，2004年

《卡里姆·拉希德：演化》

设计师：Stephen Schmidt / Duuplex

在1933年，意大利未来派艺术家雷纳多·伯特利（Renato Bertelli）创作了名为Profilo Continuo del Duce（墨索里尼的连续侧影）的雕塑。这一作品隐含着对“双面神”Janus的敬意。Janus是古罗马的门神，传说中长了前后两张面孔，因而既可以看到前面，也可以看到后面，既能看到过去，也能看到未来。同时，他也代表着战争与和平等对立的事物。未来派艺术家们喜欢玩味对立的事物，而伯特利的作品还体现了未来派艺术家们对速度，即进步的象征的称颂。从形式上讲，以如此快的速度转动头部也是对传统艺术期望表示蔑视的一种方式。

或许正是这个表示蔑视的动作使卡里姆·拉希德深受该图像的启发。他在修改后将其重新制作为一个物体，取名为“Ego Vase”，并将其用做专著《卡里姆·拉希德：演化》的封面。任何人都能理解为什么由Stephen Schmidt设计的封面堪称成功之作。图像中的花瓶就像一个吸引人们眼球的靶子，而十字或X就是靶心——一种吸引注意力、传递简单信息的古老工具。十字架是一个古老的象征，甚至早在早期基督教徒，尤其是科普特教徒（Coptic）的绘画中就已出现，但在这里，十字图形被赋予了现代色彩，完全采用对称设计。经典的红十字会标识设计于1863年，它是现代象征符号的缩影，但十字和X已经被人们以多种方式应用于各种用途中。由Schmidt设计的十字也许可以被看做是一个后现代版本，因为它的末端采用了菱形设计，而非线形标准，这有点像从现代正统风格演变而来的，因为现代正统风格禁止除直角外的任何变形。然而，这类规则非常容易被打破，即使正统风格也不例外。

“花瓶”的形状暗示着一种“演变”的运动，虽然这张脸从各个方向看都是完全相同的。书中的内容可能会揭示拉希德的个人发展历程，正如封面设计通常会围绕设计中的演变特征展开一样。

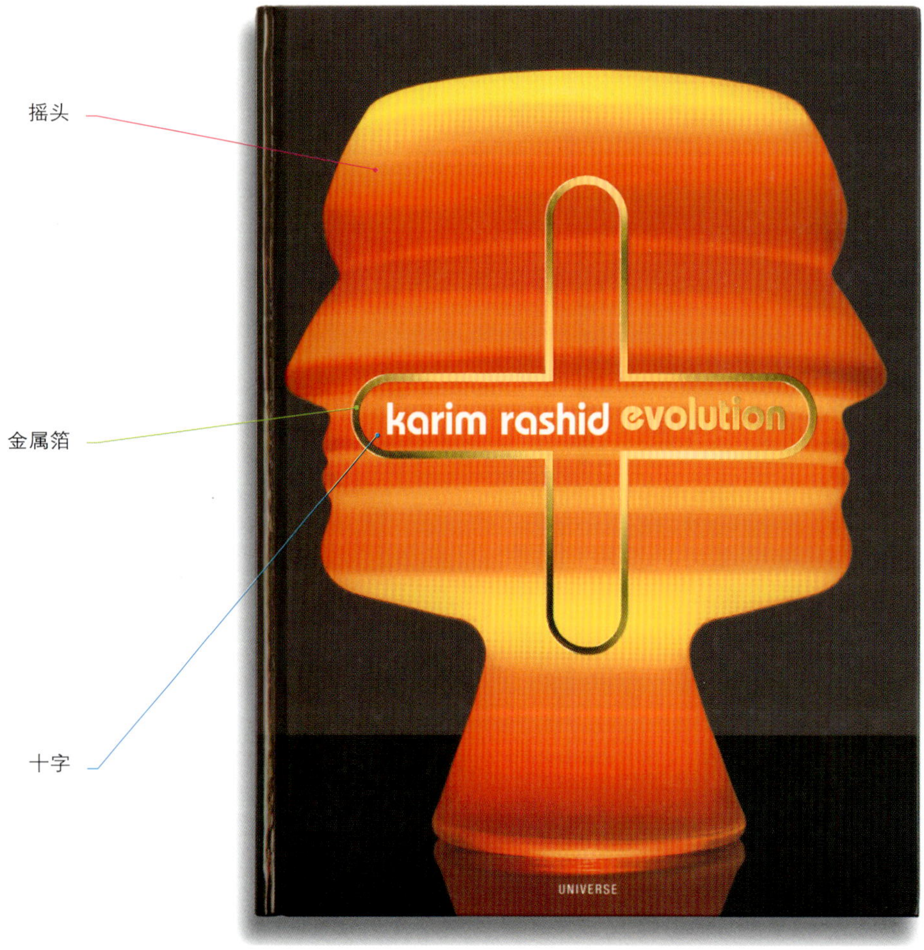

1

2

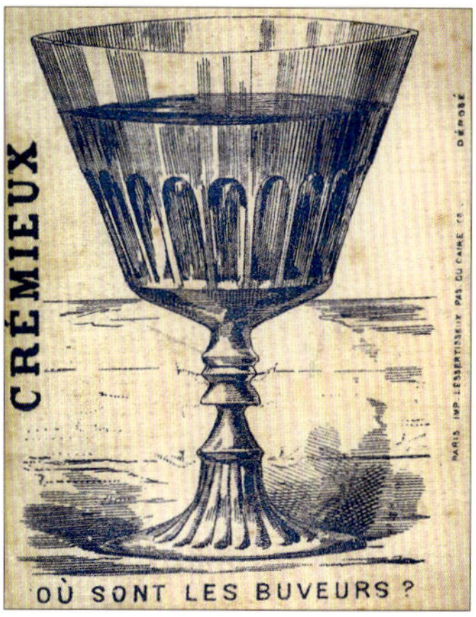

3

4

5

6

7

8

9

摇头

1. 古罗马硬币，币面上是古罗马的双面神Janus
2.《La Caricature》（漫画）杂志内页插画，1834年
3. 错视画，颠倒图像可以看到两张人脸，19世纪
4. The Gentleman's Dilemma（绅士的困境）钢笔画，1900年
5. 表现了一位银行家Emilio Demedio，光动力，1913年
6. Hans Arp（汉斯·阿尔普），银盐黑白照片，1924年
7. 墨索里尼的连续侧影，雕塑，1933年
8. Pet Shop Boys乐队《Liberation》（释放）CD封面，1994年
9. Placebo乐队《Because I Want You》（因为我需要你）CD封面，2006年

1

2

3

4

5

6

7

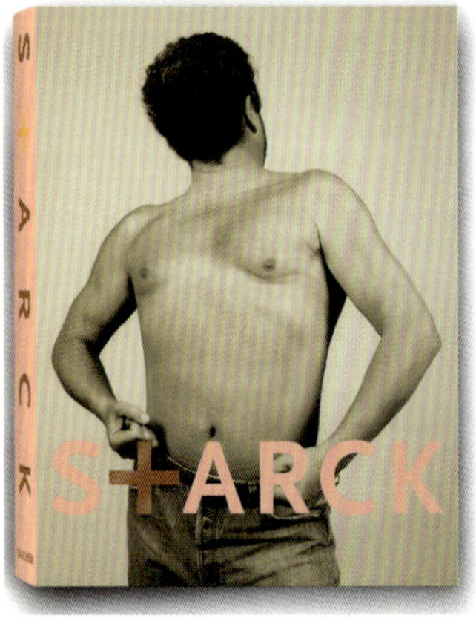

8

9

10

金属箔

1.《Mr Tollet's Calendar》（陶莱特先生的日历）图书封面，1698年
2.《Art and Society》（艺术与社会）图书封面，1894年
3.《Peter Pan in Kensington Gardens》（肯辛顿公园的彼得·潘）图书封面，1906年
4.《Don Quxote's Turn to Wisdom: A Tragedy in Five Acts》图书封面，1913年
5.《The Tors—Seven Songs》封面，1924年
6. 平面设计师Frauke Stegmann的信纸，2002年
7.《The Senior Library》（纽约视觉艺术学院作品集）图书封面，2003年
8.《STARCK》（斯塔克）图书封面，2003年
9.《Munthe Plus Simonsen》（丹麦的一个服装品牌）图书封面，2004年
10.《Candide》（老实人）图书封面，2005年

1

2

3

4

5

6

7

8

9

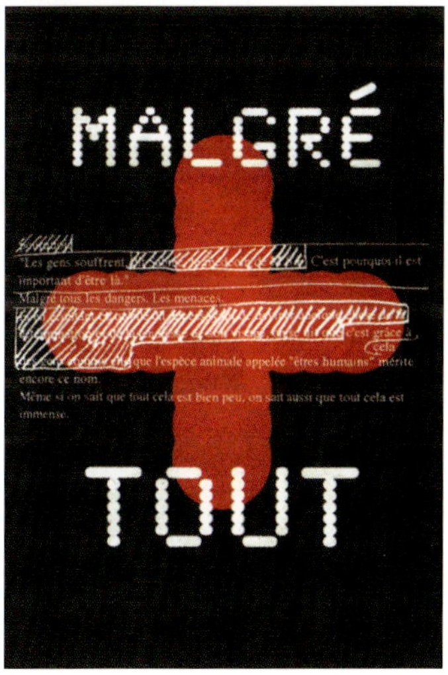

10

十字

1. 圣尼古拉斯，俄国的圣像，16世纪
2. Kunstschau Wien海报，1908年
3. 《Poetry for Reading Loud》（大声朗读的诗歌）书中跨页，1923年
4. Black Cross（黑十字），在画布上用油作画，1925年
5. 《Vogue》（时尚）杂志封面，1945年
6. 卢奥（Rouault）版画展的目录册封面，1984年
7. Global Force（全球力量）视觉识别，1990年
8. 《The Graphic Beat: London / Tokyo》（来自伦敦和东京的平面设计）图书封面，1992年
9. 英国贸易与工业部组织展览展示了英国的创意产业，powerhouse:uk（发电站：英国）海报，1998年
10. Malgré Tout海报，1999~2000年

长期存在于家庭中的“辱骂孩子”问题

设计师：Saatchi & Saatchi

这是为儿童与青少年服务处制作的一幅反对口头辱骂的警示性广告，以一张嘴作为画面的主要元素。人类的大多数情绪都能通过面部表情得到栩栩如生的表达，而嘴巴既能在唇齿开合之间立即变悲伤为欢乐，也能在弹指一挥间再现讥讽或真诚。有什么方式能比大声吼叫更好地表达父母不可遏制的生气情绪？设计师正是利用了这一点来进行强有力的视觉表现。

一张表现盛怒的嘴巴是一个常用常新的“陈旧”构思。如果成倍复制，那么它的影响力也会以指数级数增长。当高声尖叫的嘴巴与常用的平面设计元素相结合，而且相同的画面层层重叠时，即使没有令人感到不安的标题，观者也能情不自禁地从心底里感受到其中暗含的暴力。

逐渐隐没的地平线这种古老的艺术手法在20世纪30年代变为一种常见的超现实主义设计手法。在20世纪60年代，波普艺术通过叠加重复性图案来强调大规模生产的概念，而艺术家们对此也流露出强烈的兴趣。在此列举的这幅广告中，重复出现的多张嘴巴不仅提升了高声吼叫的隐喻强度，而且还象征着深刻的精神根源——源于内心深处的情绪。

最后一个用来强化这幅广告的设计手法是贴在图像下面的特殊字体。这种看似幼稚的字体使人联想到小餐馆、教堂和在其他日常环境中常见的那种招牌，外表虽略嫌老土，内容却清晰可辨。如果将标题换成一种整洁优雅的字体，其中的信息是否还能以同样的方式得到诠释？值得怀疑！在抨击“辱骂”这个问题时，必须采用与主题本身一样自然的方式来传达这些充满感情的语句，情绪化的字体处理用于同样情绪化的想法是让观众相信辱骂可能犯错的惟一方式。

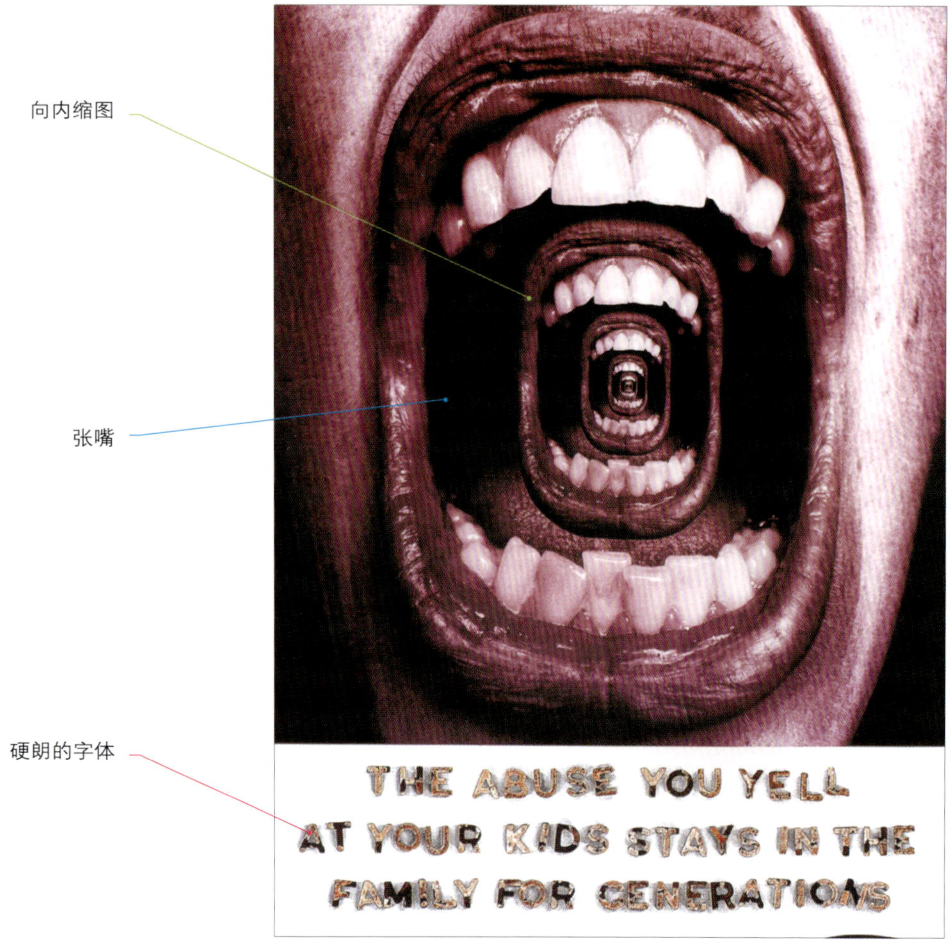

1

2

3

4

5

6

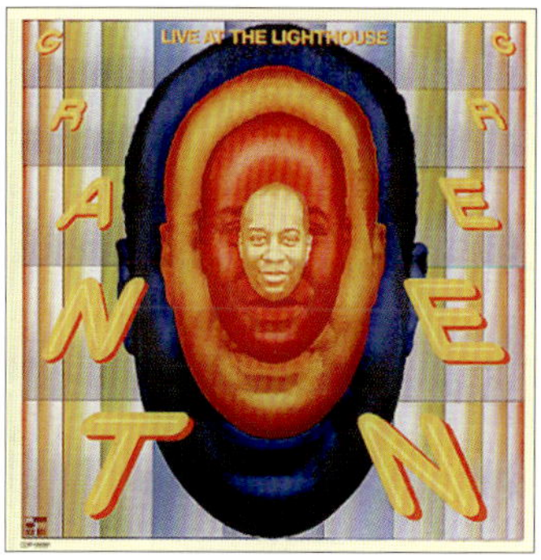

7

8

9

10

向内缩图

1. 三面国旗，油画，1958年
2.《Show》杂志封面，1962年
3. Day of the Heroic Guerilla（英雄的游击队员之日）平版印刷，1968年
4.《Spread Eagles》（展翅雄鹰）电影海报，1968年
5. There's a Future for You in a Health Career（在健康事业中有你的未来）海报，1970年
6.《Phototypo Hollenstein》封面，1970年
7. Grant Green《Live at the Lighthouse》（生活在灯塔里）专辑的封面，1972年
8. Traffic乐队《On the Road》（在路上）专辑的封面，1973年
9.《The Amicus Journal》杂志封面，1990年
10. Impunidad海报，2004年

1

2

3

4

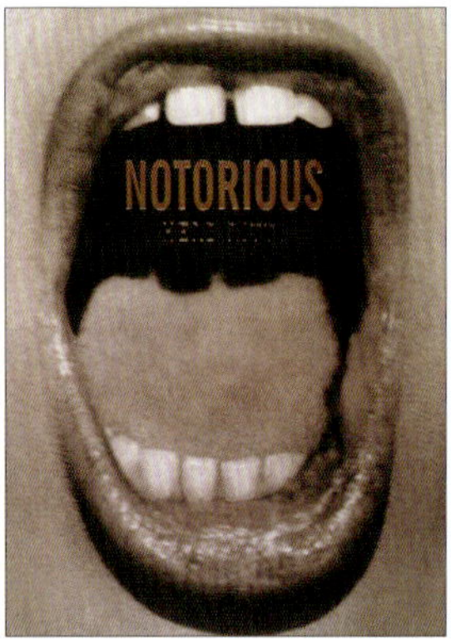

5

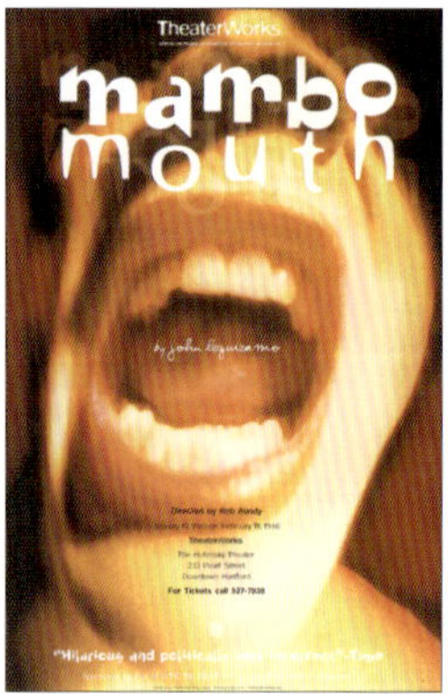

6

7

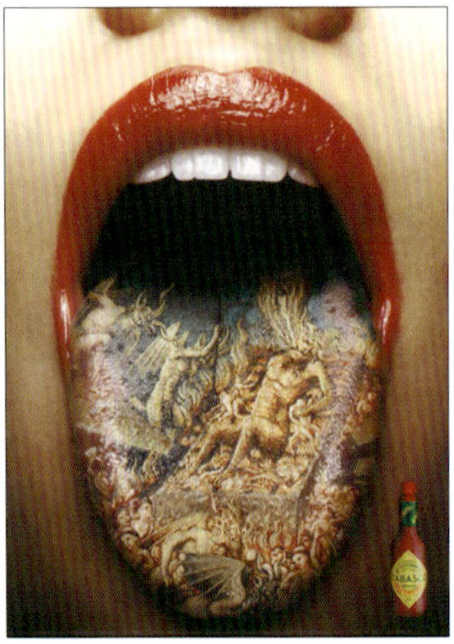

8

9

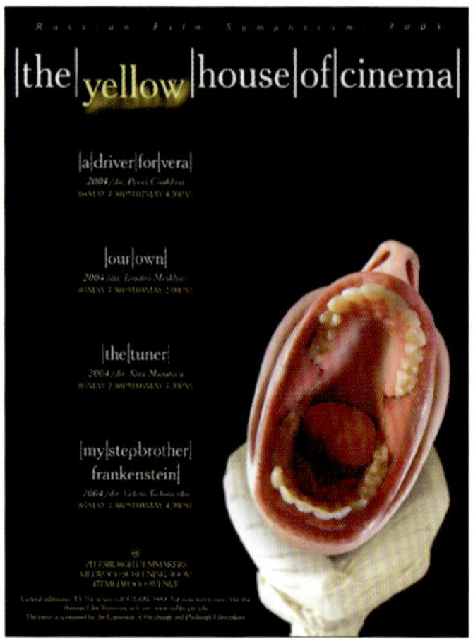

10

张嘴

1.《Hurrah!Hurrah!Hurrah!》（好哇！好哇！好哇！）图书封面，1921年
2. King Crimson乐队《In the Court of the Crimson King》（在克里姆森国王的宫殿里）专辑封面，1969年
3.《Pink Floyd The Wall》（迷墙）电影海报，1982年
4.《Let Me Have Happy Dreams?》（让我有个甜美的梦？）戏剧海报，1989年
5.《Notorious》（声名狼藉）图书封面，1992年
6.《Mambo Mouth》（曼波的嘴）戏剧海报，1996年
7. Tattoo（纹身）征稿海报，1999年
8. 蒜蓉辣椒酱广告，2004年
9. Biggest Burgers in Town（镇上最大的汉堡包）广告，2004年
10.《The Yellow House of Cinema》电影海报，Yellow House在俄罗斯暗指精神病院，2005年

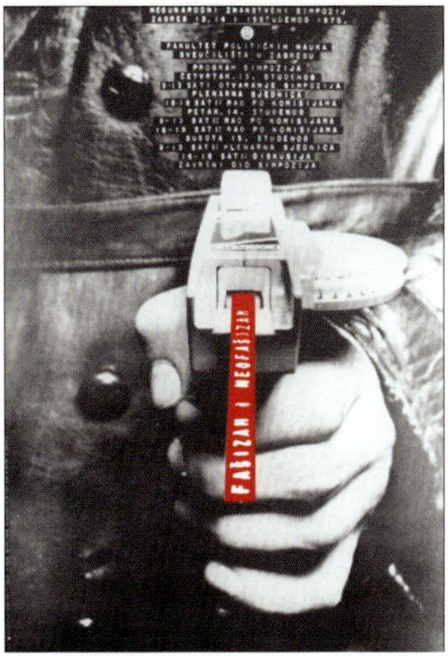

1

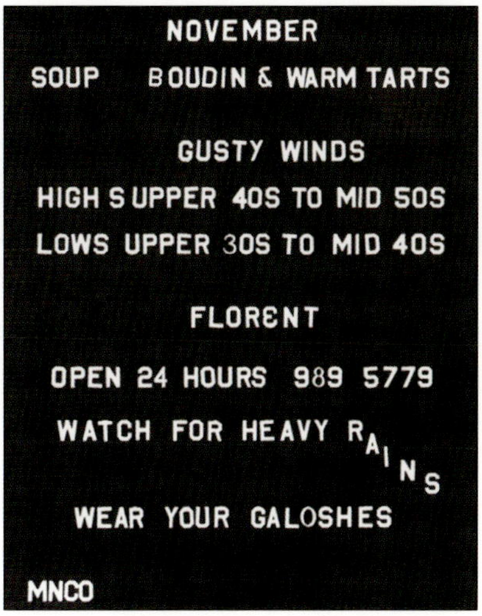

2

3

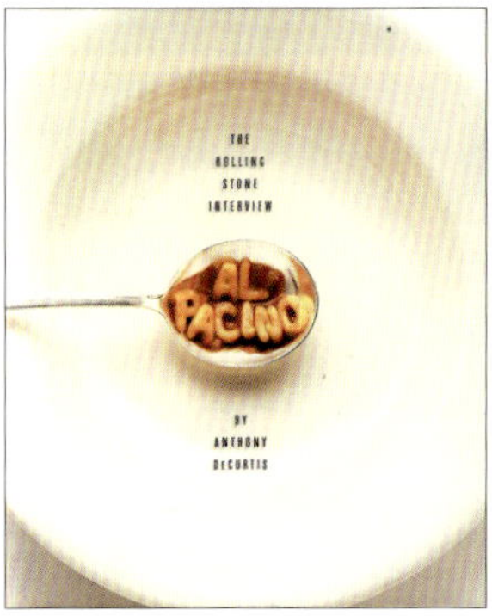

4

5

6

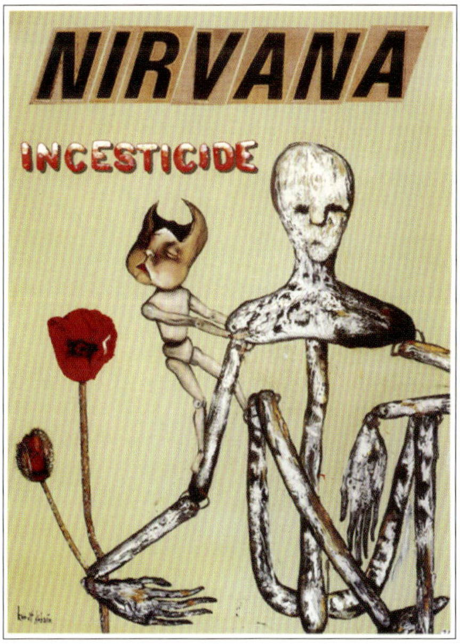

7

硬朗的字体

1. International Scientific Symposium: Fascism and Neofascism（国际科学研讨会：法西斯主义和新法西斯主义）丝网印刷海报，1975年
2. November menu board（11月份的菜单）广告，1987年
3. 巴西电影节海报，1995年
4. Al Pacino: The Rolling Stone Interview by Anthony DeCurtis（阿尔·帕西诺：《滚石》杂志的编辑安东尼·德科帝斯专访）杂志跨页，1996年
5. Xilinx（可编程逻辑解决方案供应商赛灵思公司）年度报告，1997年
6.《Psychiatrie》（精神病学）图书封面，1997年
7. Nirvana（涅槃乐队）《Incesticide》专辑的海报，1997年

安德鲁·科基·泰勒

设计师：横尾忠则

迷幻设计是美国自产的平面设计风格之一。这种设计风格诞生于20世纪60年代晚期，是非主流摇滚场景所使用的语言。它还是一种设计代码，最初用于吸引青年文化的拥护者，但很快就像病毒一样蔓延到主流文化中，并获得了普遍的认同。

著名的日本设计师横尾忠则被迷幻艺术具有震撼力的色彩组合、形式自由的图片和新奇的视角所打动，其通过融合可控的混乱无序、鲜艳的色调、新超现实主义的结构和平面设计智慧创造了属于自己的独特风格，对美国后现代主义的艺术鉴赏也产生了影响。在20世纪70年代，迷幻设计已与其他艺术流派完全融合，并在美国开始逐步走向衰落。但横尾忠则将其中某些重要特征与自己的个人风格完美结合，从而使这种设计风格在他的手中成功地避免了走向过时的危险。

横尾忠则的作品大多以“欺骗眼睛”为基础，能够在人们的潜意识中留下令人难忘的图像。在为小提琴家安德鲁·科基·泰勒设计这幅海报时，他采用了迷幻色彩组合、螺旋和万花筒效果。横尾忠则的视觉游戏极具吸引力，他将泰勒的眼睛放置在靶心的位置上，希望能够借此吸引观众的注意力，正如小提琴家可以让听众沉醉于音乐中一样。同时，通过以小提琴框定泰勒，万花筒的视觉作用也得到了充分的发挥。人们通常很难对万花筒效果视而不见。完美的对称重复和环形节奏具有令人称奇和身心放松的作用。

抽象拼贴画也是横尾忠则常用的设计技法之一，他将不和谐的元素并列放置，创造出出人意料的新图像。抽象拼贴画最初是由立体派、达达派、超现实主义和波普艺术家们发起的，他们重新构建新的现实，同时对视觉问题进行层层剥离，以创造出新的超现实性。通过这幅海报，我们可以看出横尾忠则非常擅于将虚幻与现实融入一部独特的表意作品中。

中心重力

螺旋

拼贴

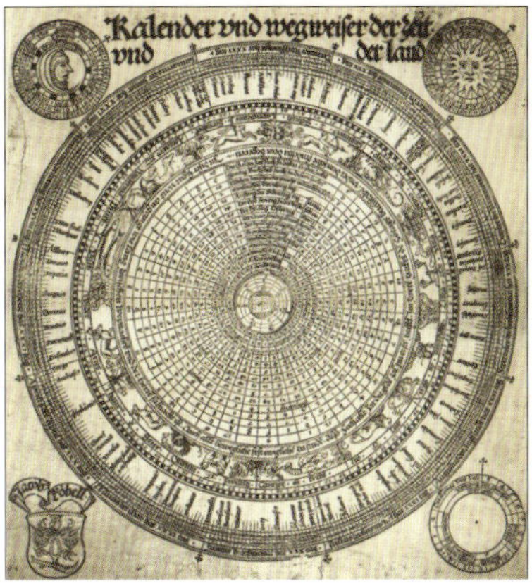

1

2

3

4

5

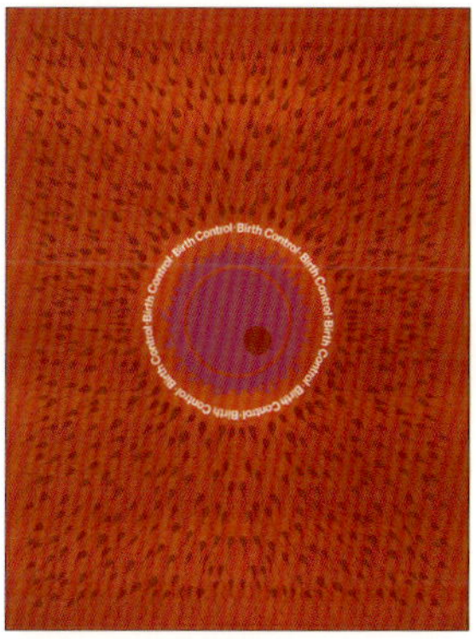

6

7

8

9

10

中心重力

1. 日历，16世纪
2.《Fortune》（财富）杂志封面，1939年
3. Jonah Jones专辑封面，1954年
4. 画廊海报，1965年
5. Unicef海报，1969年
6. Birth Control（生育控制）海报，20世纪70年代后期和80年代早期
7. Fritz Lang（佛列兹・朗）海报，1983年
8.《Graphis》杂志封面，1984年
9. Dinner for 10 Billion, Please（100亿人的大餐，请）海报，20世纪90年代
10.《Süddeutsche Zeitung》（南德意志报）杂志封面，2002年

1

2

3

4

5

6

7

8

9

10

螺旋

1. 古老的希腊马赛克图案
2. Medusa's Head（美杜莎的头）马赛克
3. 唐卡，14世纪
4. Liquid Carbonic—Medical Gases（液体二氧化碳—医疗气体）海报，1960年
5. #12 Captain Midnight海报，1966年
6. Entrapped（陷入）海报，1993年
7.《The Distance to Here》（到这儿的距离）专辑的CD封面，1999年
8. Carpark Records唱片公司专辑封套，2002年
9. Hiking Campaign（远足）视觉识别，2003年
10. Ex-Urbia（郊外住宅区）杂志封面，2004年

1

2

3

4

5

6

拼贴

1. Da-Dandy摄影蒙太奇，1919年
2. ABCD拼贴，1923年
3.《Johnny Mnemonic》（捍卫机密）电影海报，1995年
4. Information Shock!（信息冲击）海报，1996年
5. San Francisco 2012（旧金山2012）申奥城市海报，2002年
6. Nest（安乐窝）广告，2004年

老大哥

设计师：Daniel Eatock

“老大哥”是乔治·奥威尔（George Orwell）小说中的一个人物，虽然奥威尔曾经授权将小说改编为电影，但他绝不会想到“老大哥”会成为一部宣扬个人竞争（就像古罗马角斗场一样）的电视真人秀系列剧的标题。也许，这正是娱乐业借以从严肃文学中提取可供消费的噱头的一种方式，然而，具有嘲讽意味的是，出人意料的结局往往会产生积极的意义。

本案例就是由皇家艺术学院的毕业生Daniel Eatock为在英国播出的“老大哥”设计的视觉识别。他说：“我并非传统意义上的艺术家。我更加关注创造、质疑、颠覆和熟悉的事物的转换。”Eatock受到了雕塑家Robert Smithson的影响，那些在耕犁过的田野上出现的迷宫般的符号，以及由大量的人和物构成的图像或者文字都为他带来了创作的灵感。他以这种方式创作出一只全知全能的“眼睛”作为“老大哥”的标识。这并非一个独特的创意，但当“眼睛”是由数百个黑色立方体构成时，这种手法就被赋予了一种特别的意义。

为了让平面设计超越印刷纸面的限制，设计师们通常会利用室外的天然和人造的空间与结构来传达信息。比如，在20世纪80年代，美国平面设计师协会（AIGA）就曾经在两英尺厚的雪地上制作出自己的标识，然后在飞机上进行航拍。

Eatock一定是已经敏锐地意识到由电脑位图创造的视错觉。他利用方盒子构成的眼睛就是一个模拟版本，就像在传统被子上由方形彩色织物构成图案一样。整幅图像是由一些受马赛克启发的组件构成的，也有些人称之为原始位图形式。但其主要结构是源于20世纪70年代的欧普艺术，当平行线和半色调被用于揭示隐藏的图像时尤为如此。

欧普艺术

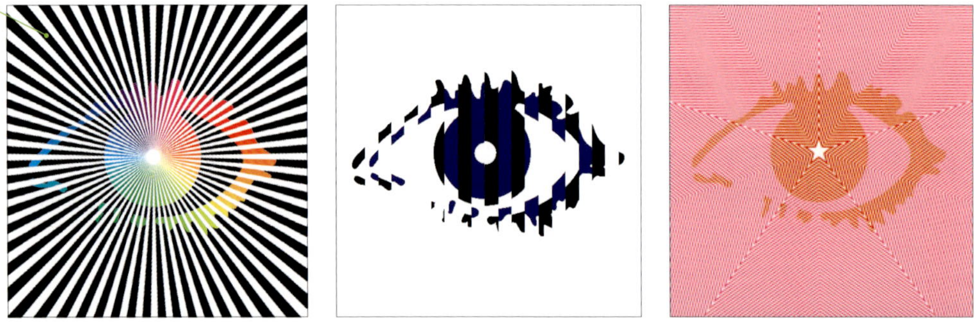

像素化

俯视的艺术

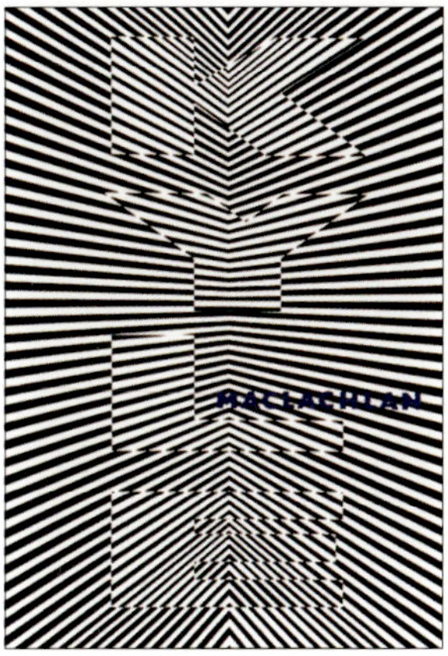

1

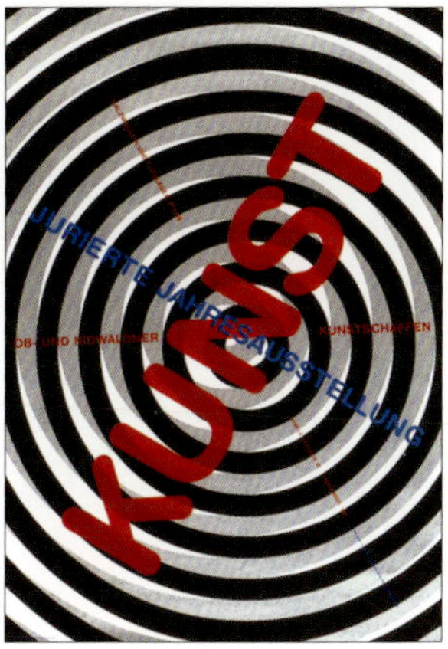

2

3

4

5

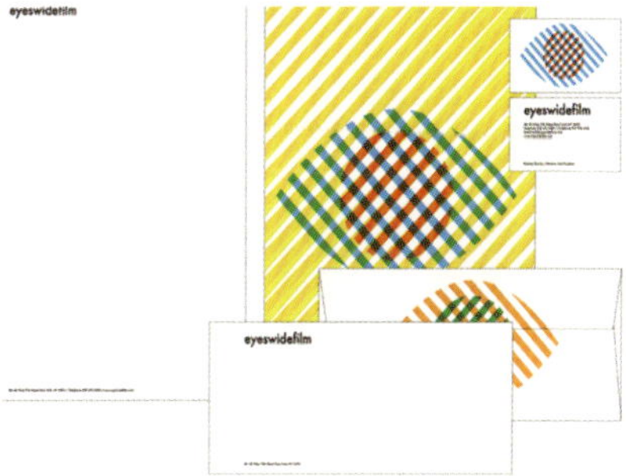

6

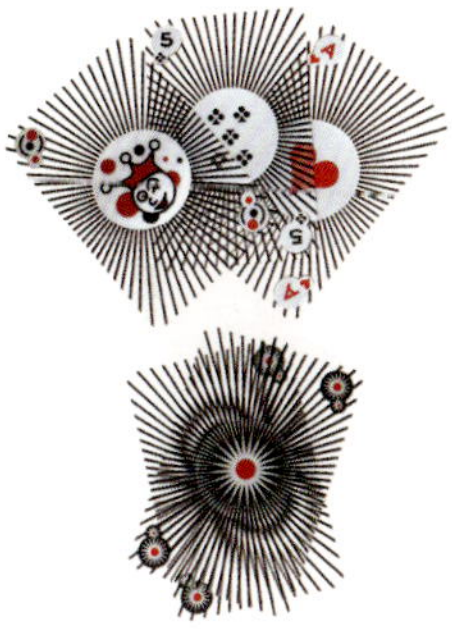

7

8

9

10

欧普艺术

1. Kyle MacLachlan（凯尔·麦克拉克伦）编辑设计，1991年
2. Kunst海报，1999年
3. The Cybermen乐队专辑封面，1997年
4. Ben Oyne（本·奥恩）海报，2002年，文字被一分为二，朝左右方向移动，艺术家以此营造了欧普艺术
5. Cutler and Gross（眼镜品牌）展览海报，2002年
6. Eyes Wide Films邀请卡，2003年
7. Crazy Cards扑克牌，2004年，扑克牌印刷在透明的塑料上，因此在洗牌的时候会看到波纹的效果
8. Friedrich Christian Flick（弗雷德里克·克里斯蒂安·弗里克）藏品展的海报，2004年
9. Zgraf 9国际平面设计和视觉传达展览的目录册封面，2004年
10. Optimo Music Festival（音乐节）海报，2005年

1

2

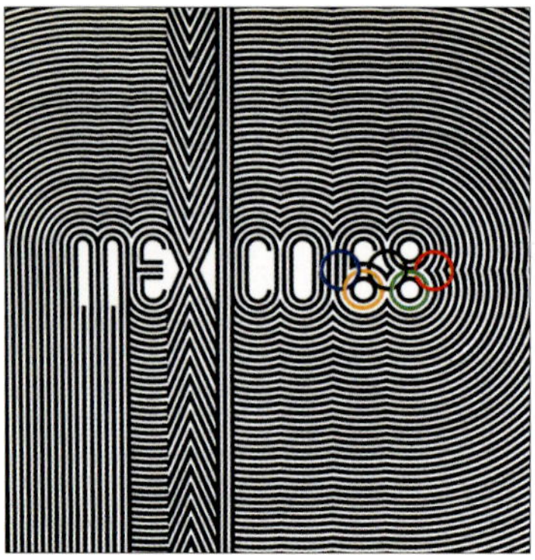

3

4

5

6

欧普艺术

1.《Personality and Psychotherapy》(性格与心理疗法)图书护封，20世纪60年代
2. World Conference of Industrial Design(世界工业设计大会)海报，1973年
3. Mexico1968(墨西哥城奥运会)海报，1968年
4. IBM:Rev-up(IBM：加速发展)海报，1967年
5.《Harper's Bazaar》(时尚芭莎)杂志封面，1938年
6.《Leslie's Weekly》(莱斯利周报)杂志封面，1917年，靶子是欧普艺术最早的主题之一

1

2

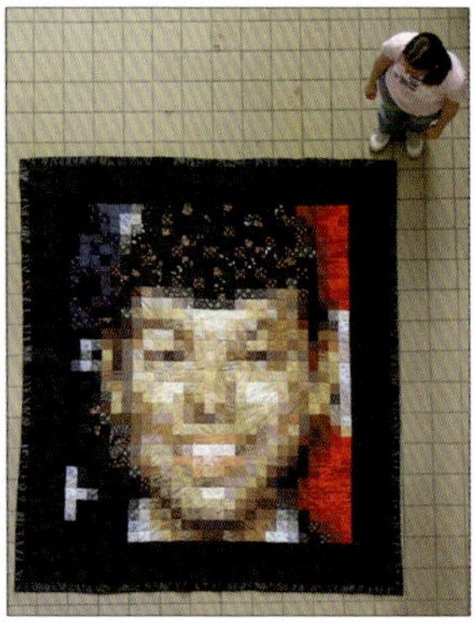

3

像素化

1. Adobe Design Achievement Awards—Student Competition(Adobe设计成就奖，学生竞赛)海报，2003年，咖啡杯中的咖啡和牛奶的配比不同，因此营造出了颜色渐变的效果
2. 由绿草和瓷砖拼出了文字Bravo，2004年
3. 为在伊拉克战争中牺牲的女性士兵缝制的图像，2005年

1

2

3

4

5

6

7

8

9

俯视的艺术

1. Uffington White Horse（白马峭壁），公元前1000年
2. Humming Bird（蜂鸟地雕）位于秘鲁南部高原上，公元250~750年
3. 由2100人组成的伍德罗·威尔逊总统的画像，摄影，1918年
4. Spiral Jetty（螺旋形防波堤），1970年
5. Imperfect Utopia（不完美的乌托邦），1987年
6. AIGA海报，文字由铲雪车制作，1987年
7. Small（小），为时装设计师设计的，表明奢华的材料小面积使用会取得完美的效果，2005年
8. W，为平整和挖掘建筑场地的公司设计的，2005年
9. WOW，由沙滩上行人的足迹组成的文字，2005年

《双子城》

设计师：Empire Design

结构性网格是二维设计中一个必不可少的基础，它可以帮助设计师精确地安排文字和图像，实现清晰有效的视觉层次。尽管网格早在文艺复兴之前就已经存在于绘画中，但直到20世纪之交，才在商业艺术中以特别的方式加以应用。在20世纪50年代，设计领域兴起了一阵网格热，任何事物都以网格为基础，或者与它有紧密的联系。但是，网格并非一剂万能药，能确保平衡与和谐。实际上，有些网格甚至会产生呆板的效果。有一些的网格设计是可以预见效果的，而另外一些则可能产生众多变化。网格就是一个支架，任何被放入或者进入其中的事物都对设计品质具有决定性的作用，否则它将只不过是一群方格和矩形。

英国黑色幽默喜剧《双子城》讲述的是一对被当做其实并非是孪生兄弟的搭档合伙做坏事的情节。这出喜剧的海报设计从表面看来就是棋盘，有24个相互连接的彩色网格，有些网格中呈现的是电影中的人物。因为电影海报通常必须在相对较小的空间中传递出太多的信息，因此采用网格图案——就像是电影的边框一样——令设计师能够将多重叙述片段联系起来，同时又具有装饰性。

鲍豪斯建筑学派的设计师们分外推崇网格，因为它在本质上是现代的。他们认为它就像一只笔，在可以利用到的单元里包含了必要的信息，这与元素周期表有相似之处，也可能是受到了元素周期表的影响。

实际上，在电影海报的设计中，只要电影有一系列人物，而且合同里要求对每个人物都必须平均着墨时，古老的网格工具就会作为安全可靠的图案被翻出来。无论其动机和目的如何，由尺寸大小相同的方格构成的重复图案都是非常养眼的。而类似于日历的这类海报，令观者很容易接收到视觉和文本信息。即使网格不用于高级别的设计中，它也是设计师的“保留节目”中不可或缺的工具。

1

2

3

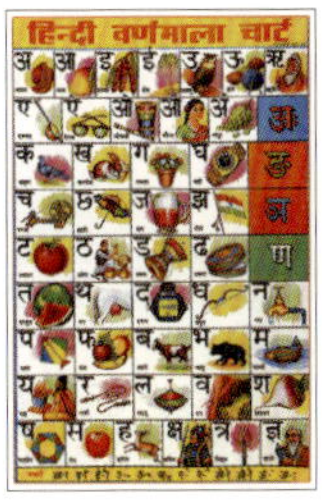

4

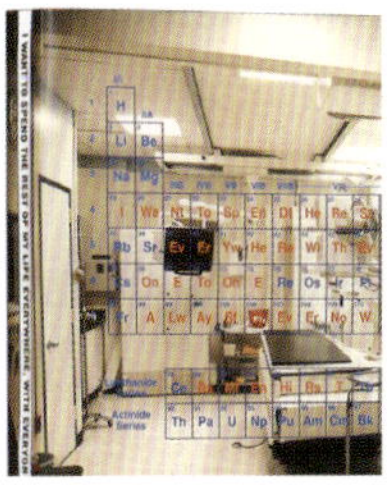

5

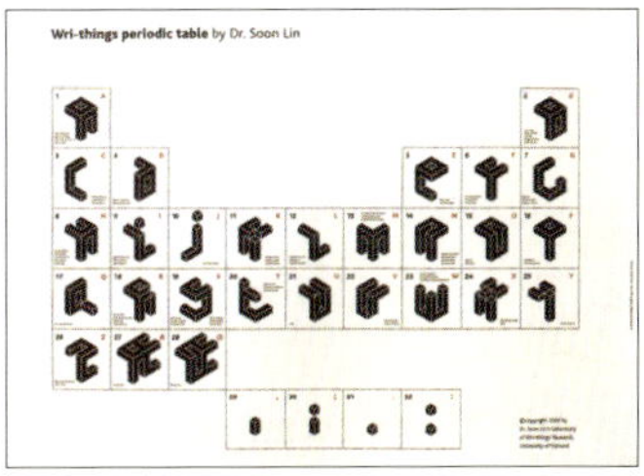

6

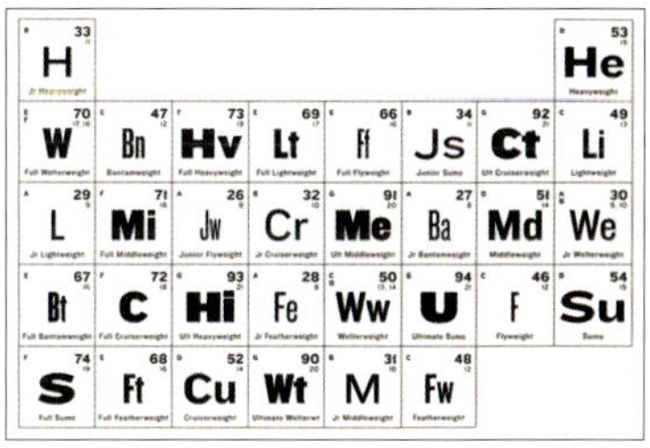

7

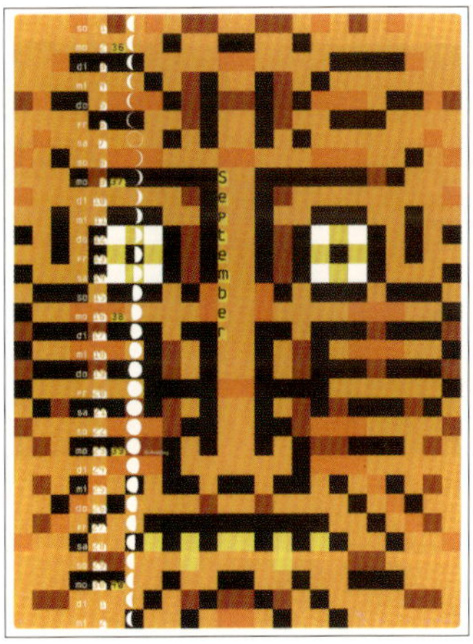

8

9

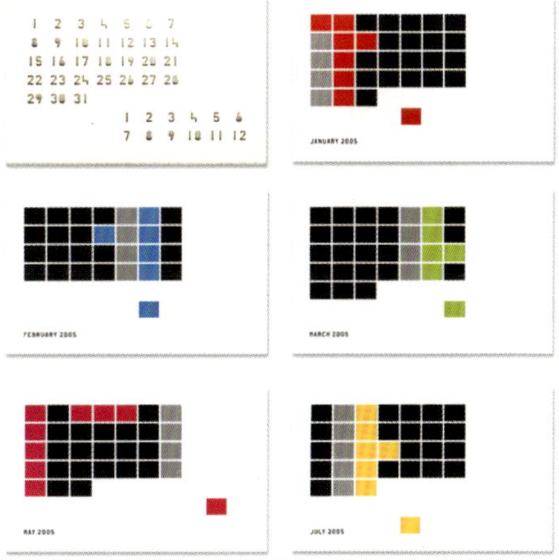

10

日历和周期表

1. 阿兹特克人手绘的法典，16世纪早期
2. 1月份的日历，1896年
3. 10月份的日历，1930年
4. 北印度语字母表，20世纪60年代
5. 《I Want to Spend the Rest of My Life Everywhere, with Everyone, One to One, Always, Forever, Now》（我想在每个地方和每个人共度余生，一对一，一直，永远，就现在）图书封面，1997年
6. 在威尼斯建筑学院举办的讲座的宣传海报，2000年
7. 字体样本表格，2000年
8. 9月份的日历，2002年
9. A Periodic Table of Cultural Elements（文化元素的周期表）海报，2003年
10. 便携式的2005年日历，2004年

1

2

3

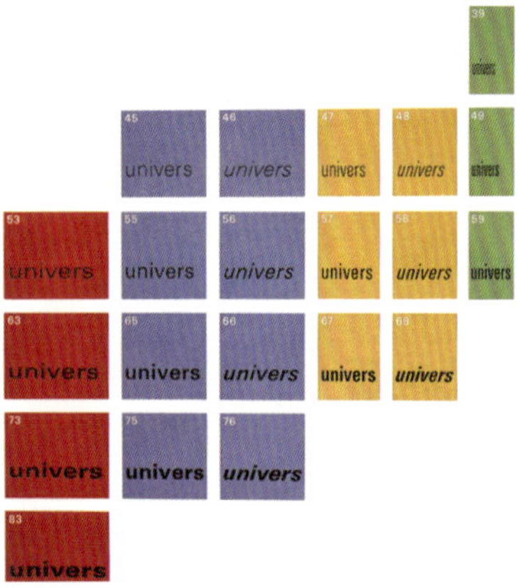

4

5

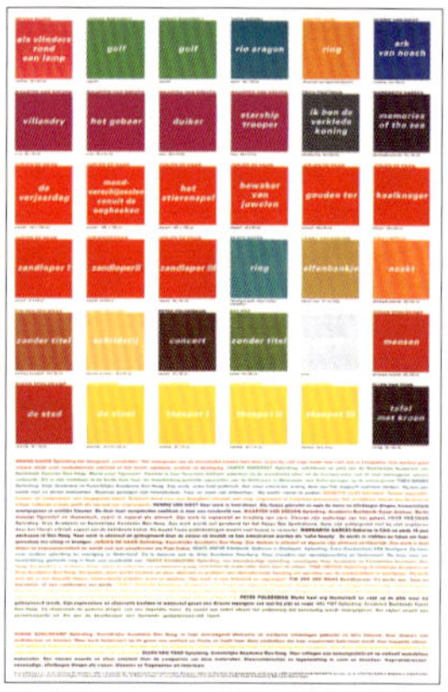

6

7

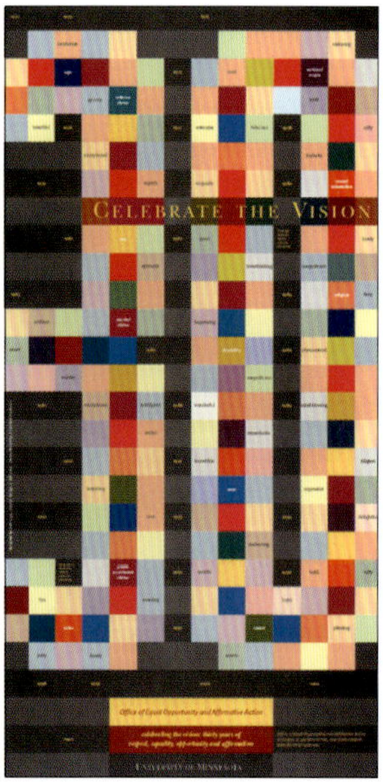

8

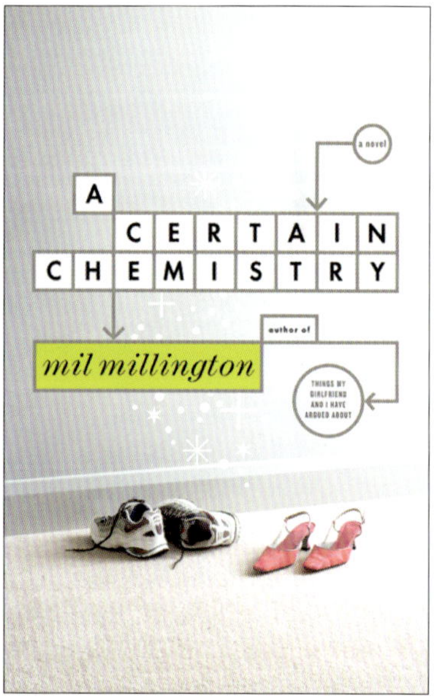

9

网格文字

1. 字母迷宫，公元945年
2. 荷兰艺术杂志《Wendingen》的封面，1929年
3. 有关广告颜料的广告，建议将广告招贴到墙上去，1930年
4. 字体表，展现了字体的21种变化，横轴展现了疏和密，纵轴展现了浓和淡，1954年
5. J.J.Johnson和Kai Winding的专辑封面，1957年
6. 慈善拍卖会海报，方块代表了不同艺术家的作品，1994年
7. Documenting Marcel（记录马塞尔）海报，1996年
8. Celebrate the Vision海报，2002年
9. 《A Certain Chemistry》图书封面，2003年

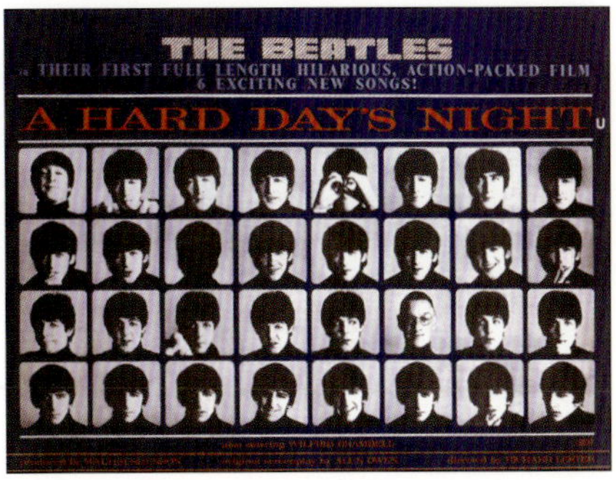

1

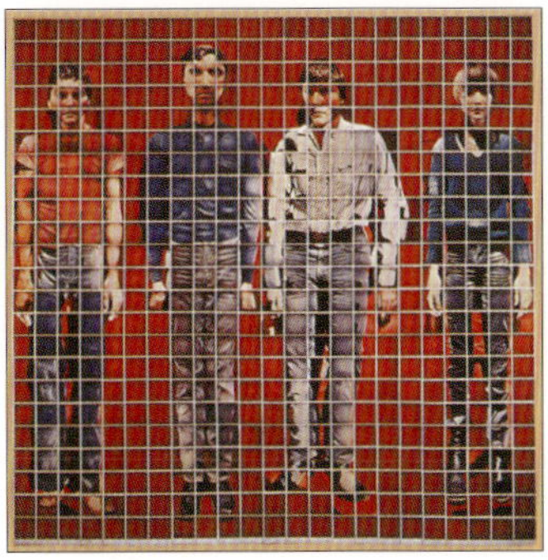

2

3

4

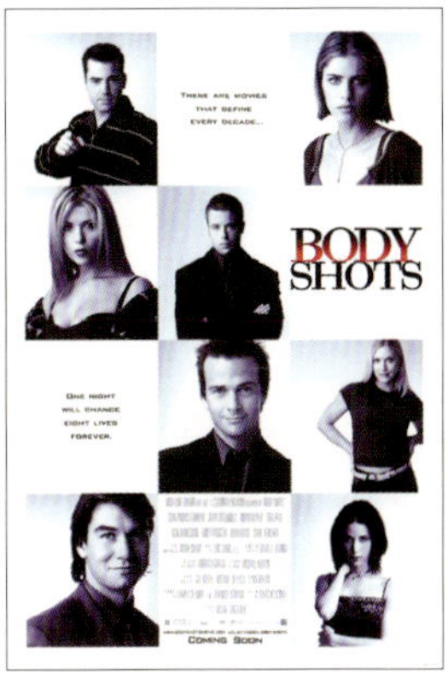

5

6

7

8

9

网格图像

1.《A Hard Day's Night》（一夜狂欢）电影海报，1964年

2. Talking Heads乐队《More Songs about Buildings and Food》（关于建筑和食物的更多歌曲）专辑的封面，1978年

3.《Face Dances》（贴面舞）专辑的封面，1981年

4. U2乐队《Achtung Baby》（注意点儿，宝贝）专辑的CD封面，1991年

5.《Body Shots》（激情代价）电影海报，1999年

6. Dis*ka《Hey Dis*ko》（嗨，迪斯科）专辑的CD封面，2000年

7.《The Rules of Attraction》（诱惑法则）电影海报，2002年

8.《I Heart Huckabees》（我爱哈克比）电影海报，2004年

9. The Million Dollar Homepage（百万美元网页）网站设计，2005年，任何广告商都可以自愿以1美元1个像素的价钱购买这个网站的像素

"曼彻斯特狗之家"年度报告

设计师：The Chase

极少主义和极多主义是现代主义的两个方面。虽然20世纪20年代和50年代的正统现代主义者偏爱简约，拒绝繁复，因为它限制了空间，妨碍了功能性，但是极少主义和极多主义都能服务于相同的实用性目的。此外，二者还能在同一部作品中达到一种平衡，正如本例年度报告所做的独特设计一样，这是同期现代主义或其他主义的非典型应用。

"曼彻斯特狗之家"是英国一个资金不足的慈善机构。因为该机构急需新的资金来源以便照顾收留的流浪狗，所以在设计要点中首先要求设计师以最低的预算有效地吸引潜在募捐者的注意力，并在情感上打动他们；其次要结合所取得的成就和相关数据，以简短的文字和精妙的视觉设计说明"狗之家"的经历，要满页设计，但并非所有的页面都是满的。

设计师在封面上以图片的形式表现了救助狗的数量——每张图片都是一只真正的流浪狗的照片，这些照片填满整个页面。接下来是一张密密麻麻的名单，上面印有"狗之家"收留过的每只狗的名字。但后面一页尽可能留白，仅在页面右下角印上小图片和文字。在浏览了如此复杂的图片和文字说明之后，设计师希望给读者一些宽慰，同时再制造一种能引起人们感情共鸣的效果——"每只狗都重要"。在出版时，整个年度报告采用了成本低廉的A3版面，以新闻纸印刷，没有装订。这是全年惟一的募捐方式，虽然制作成本较低，但质量绝不低劣。由于设计犀利，该年度报告所产生的收入也非常可观。

封面上流浪狗的照片吸引着观者在其中寻找他们自己喜欢的小狗，而那个密密麻麻印满各种古怪的、有趣的和为人们熟悉的名字的名单同样非常引人注目，感觉就像在阅读纪念壁和纪念碑上的名字一样。不能指望每个人都能耐心地读完名单上的每一个名字，但是耐克等公司曾经制作过甚至有更多名字挤在一处的广告，他们发现观者往往会被这些数据所吸引，并浏览数个小时。同样道理，忠实的爱狗者对名单的关注度或阅读兴趣却丝毫不弱。

有序堆积的图像

有序堆积的文字

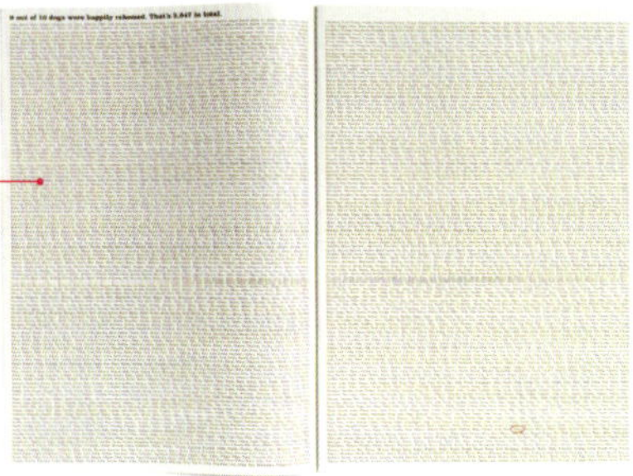

大量留白

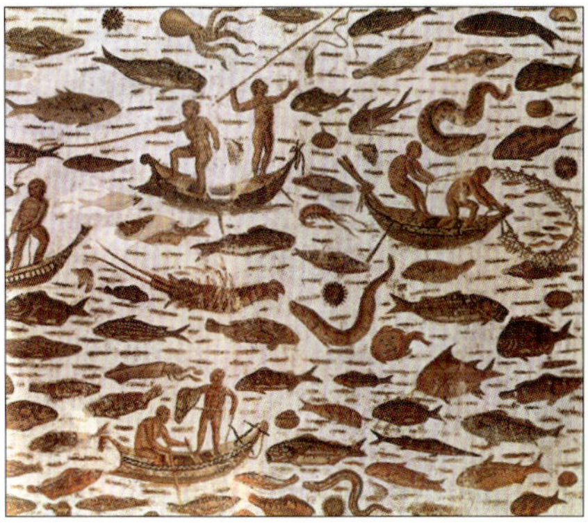

1

2

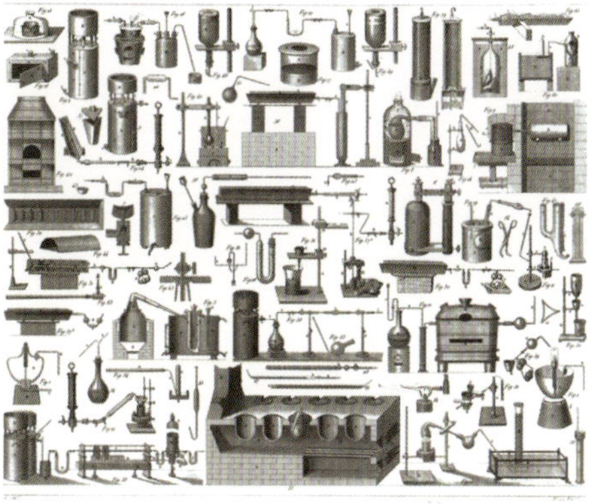

3

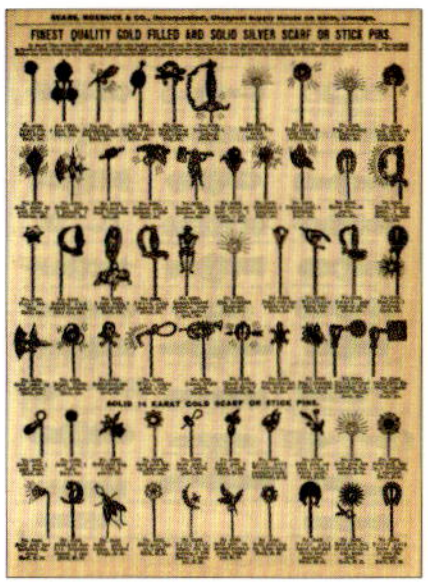

4

5

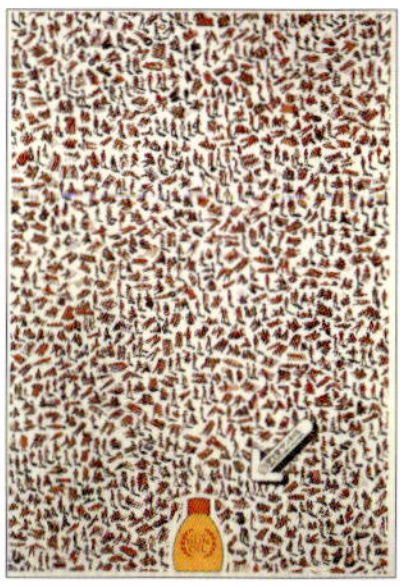

6

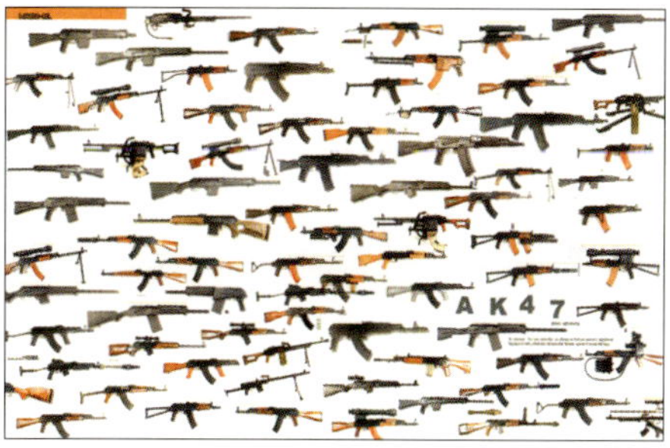

7

8

9

10

有序堆积的图像

1. 罗马式马赛克，呈现了地中海中的鱼类
2. Household Items（家庭用品），木刻，1854~1859年
3. Chemical Apparatus and Equipment（化学仪器和设备），插画，1851年
4. Sears, Roebuck and Co.（美国西尔斯公司）产品目录，1897年
5. 搬运物品卡，1964年
6. Sun Oil（防晒霜）广告，1971年
7. AK47，《Nash》杂志跨页，2002年
8. 家居产品广告，2002年
9.《Marmalade》（柑橘果酱）杂志，捐助活动，2004年
10. AMO新珠宝系列的宣传海报，2005年

1

2

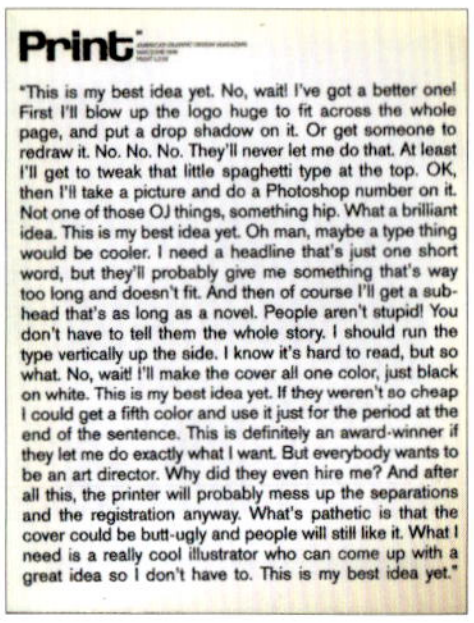

3

4

5

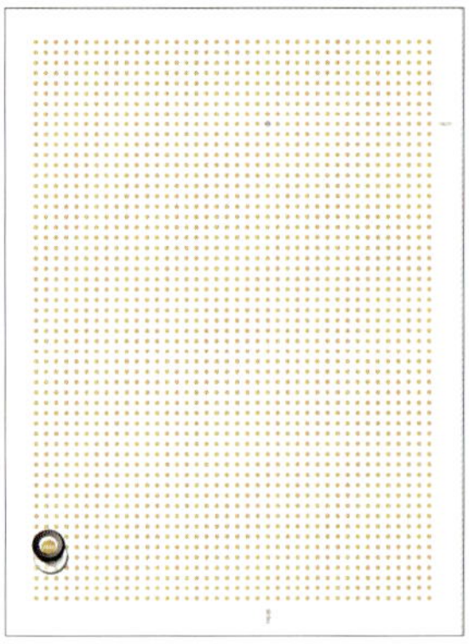

6

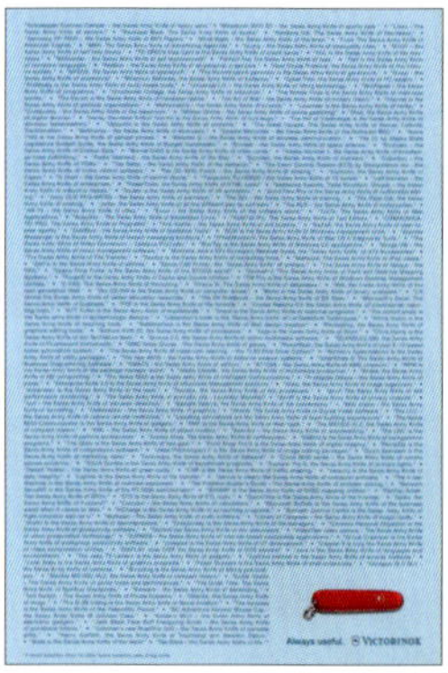

7

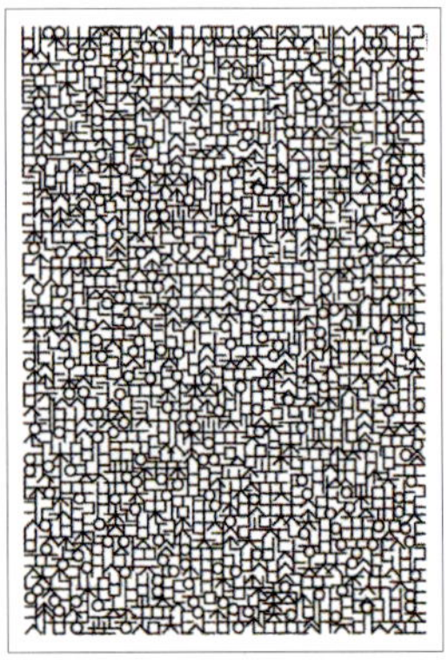

8

9

10

有序堆积的文字

1. 爱普生EX800打印机的广告，突显每秒钟能打印300个字符的能力，1985年
2. Laforet（百货）广告，1989年
3.《Print》（印刷）杂志封面，1998年
4. Challenging to Read? Try Running It.（挑战读一下？试着跑一下）耐克广告，1998年
5. Beatles（披头士）海报，由披头士乐队每首歌的歌词组成，2000年
6. 无题，海报，2002年
7. Always Useful（总是有用的），Victorinox（瑞士军刀）广告，2002年
8. Hangeul4（韩文日）系列海报，由韩文中的元音和辅音组成，2002年
9. 摩托罗拉75周年宣传海报，由“这是我个人的一小步，但却是人类的一大步”这句话组成，2003年
10. 16个跨页中的一个，列出了在斯雷布雷尼察种族屠杀中死去的7109人的名字，2005年

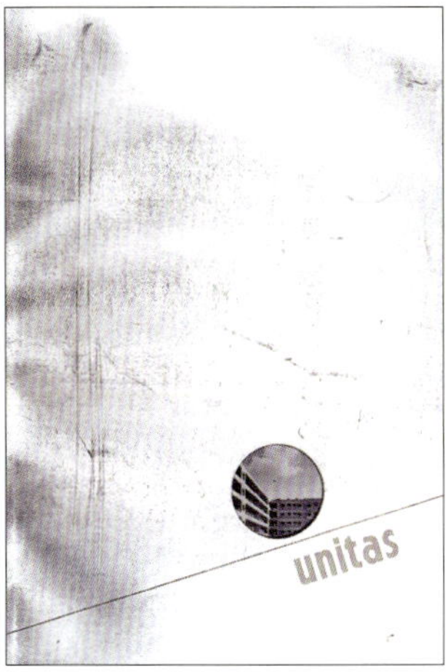

1

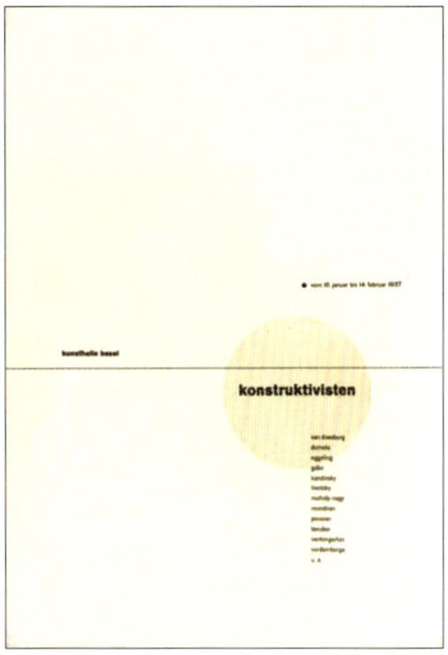

2

3

4

5

6

7

8

9

10

大量留白

1.《Unitas》图书封面，1930年
2. Konstruktivisten（构成主义）展览海报，1937年
3.《Winter's Here》（冬天来了）专辑的封面，1957年
4. Think Small（想想还是小的好）广告，1960年
5.《The Beatles》（披头士）专辑的封面，1968年
6.《An Underachiever's Diary》（一个无成就者的日记）图书封面，1999年
7. The One and Only Wonderbra广告，1999年
8. Modified Toy Orchestra（以旧玩具做乐器的乐团）专辑的封套，2002年
9. Clogs乐队《Lullaby for Sue》（苏的摇篮曲）专辑的CD封面，2003年
10. Smith & Wesson公司广告，2004年

慢食

设计师：Bruketa & Zinic

这份年度报告是为克罗地亚 Podravka公司（中欧、东欧及欧洲东南部最大的包装食品生产公司）制作的，设计师说：“谨以此书体验人们在烹调和就餐中享受到的乐趣。”这份年度报告的标题是Slow Food（慢食），传达出了Podravka品牌的口号，即充满爱心的公司。在设计中，设计师借用了许多能帮助增进食欲的小花招，如折叠式的食谱、立体封面和体现精致感的法式折叠等，同时又以一种引人入胜的方式披露了所有必要的商业数据。设计师解释说：“在这本双语年度报告里，包含了两个层面的沟通：理性层面——主要通过事实和数据来表述；感性层面——通过能够展现品牌价值观的设计来呈现。”

要想制作出如此华丽的一幅作品，设计师应该完全信服公司的经营主旨。对此，设计师毫不犹豫地脱口而出：“整个报告，从封面到内容，全部浸润着对烹饪的热爱。”为了达到理想的效果，他们无论在制作还是创意方面都想尽办法，如封面由桌布制成，外面再裹上烘焙纸；报告中间放置的铝箔含有经过处理的心形图案，当加热时，上面的食谱就会显现出来；独特的食谱要隐藏在法式折叠页里；制作时可以使用任何资源。

不过，设计师确实需要解决一些实际的问题，如对该作品加以保护，这也正是采用塑料（而非纸张）封面，然后再加一个独立包装盒的原因所在。需要保护一直是书类物品设计的根本，为了营造唯美的气氛并起到保护的作用，设计师曾经采用过塑料、纸盒、书套，甚至是像手套等这类物品，它们在保护图书免受破坏的同时，还能唤起人们对某些事情的回忆。具有收藏性的图书和某些年度报告的设计通常会体现出一段历史。

1

2

3

4

5

6

7

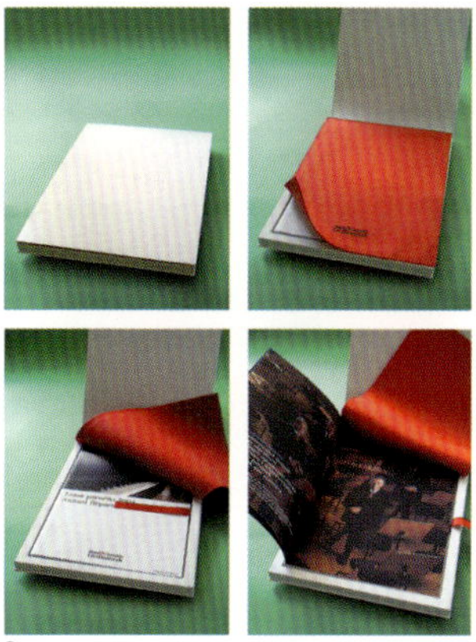

8

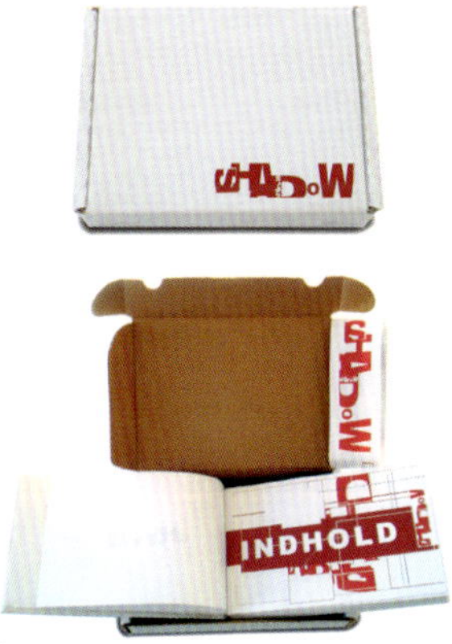

9

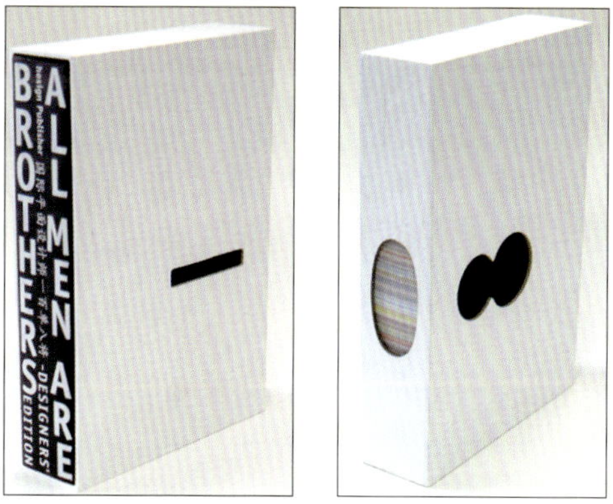

10

硬纸盒

1.《Hoyle's Game》(霍伊尔的游戏) 图书封面和包装，1803 年
2. What Do You See? (你看到了什么？) 目录册，2001 年
3. French Paper Co.公司的纸样集，2002年
4.《Good Design》（好设计）图书封面和护封，2001年
5.《安迪・沃霍尔全集》图书，2002年
6. 科比斯图片库，2003年
7. 宣传用书，2003年
8. 奥地利信贷银行年度报告，2004年
9.《Shadow》（阴影）图书包装盒，2005年
10.《All Men Are Brothers》图书，2006年

1

2

3

4

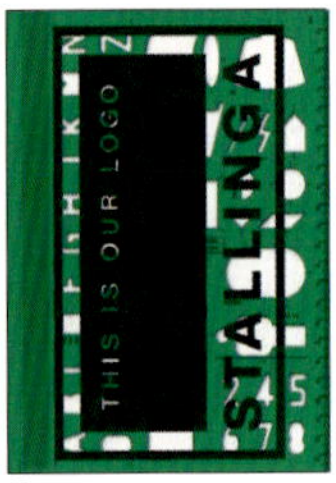

5

6

7

8

9

10

独特的封面材料

1. Claes Oldenburg（克拉斯·奥尔登堡）展览目录册，1970年
2. 《Mutant Materials in Contemporary Design》（当代设计中的突变材料）图书，1997年
3. 《Pirelli》（倍耐力轮胎）图书封面，1992年
4. 《东京艺术指导俱乐部年鉴》图书封面，2000年
5. 《Stallinga: This is Our Logo》（Stallinga：这是我们的标识）图书封面，2001年
6. Destruction Construction（毁灭，建造）目录册，2002年
7. 《XXX: The Power of Sex in Contemporary Design》（当代设计中性感的力量）图书，2003年
8. Agenda 2004（日程）大型年度规划，2003年
9. 2004年日记的封面，2004年
10. 《Patents》（专利）图书封面，2004年

1

2

3

4

1

2

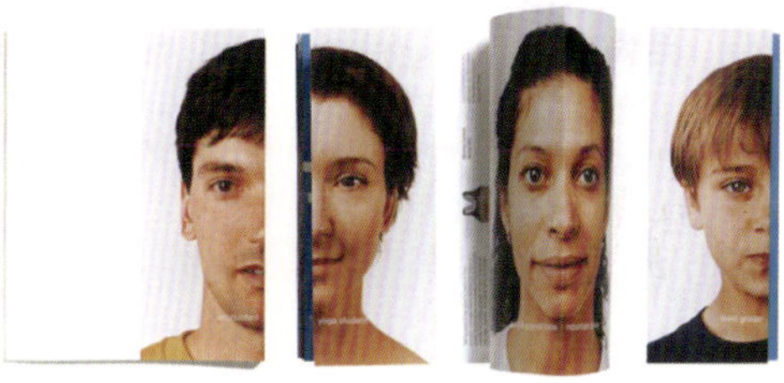

3

4

5

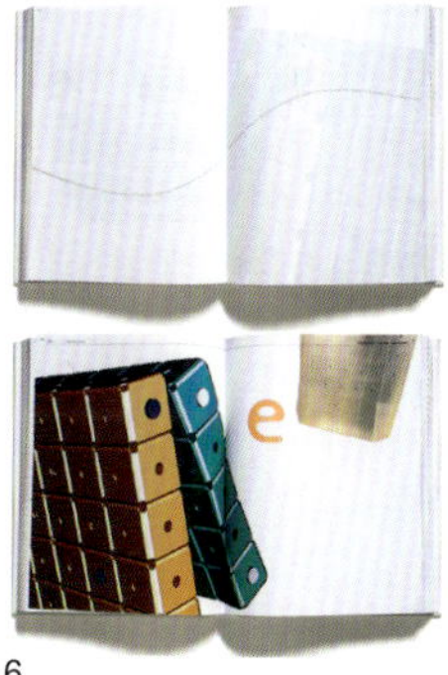

6

独特的封面材料

1.《The Machine》（机器）图书封面，1968年
2. Section Allemand（阿勒曼德舞曲）目录封面，1930年
3. 图书封面，镶嵌了皮革、钯金和硬铝，1929年
4. Dinamo-Azari（迪纳摩·阿扎瑞）目录封面，1927年

法式折叠

1.《Vrindaban》图书，1966年
2. Exposing Family Values（揭露家庭价值观）展览目录，1995年
3. 年度报告，通过法式折叠将一个人工作时的状态与运动时的状态并置起来，2000年
4.《TRVL: Visual Travelogue》（视觉漫游）图书，2002年
5.《Experience》（体验）图书，2003年
6.《NAVIGATING DESIGN, a Voyage of Discovery》图书，2003年

样本

设计师：Julia Hastings

近年来，许多图书摆脱了传统形式，更多地被设计成实物，甚至有一些图册类图书还非常庞大，人们真地会把它们误认成咖啡桌。某些出版商喜欢选择这种设计主要有两个目的：一是超越平庸，二是考验传统的承受力。尽管制作费用高昂，但一些出版商却正因为制作豪华、大胆和冒险而声名鹊起。

艺术指导Julia Hastings是高品质图书设计方面的资深人士，她为Phaidon出版社制作的《Sample:100 Fashion Designers, 010 Curators》是此出版社图书中最为出色的设计之一。第一眼看到被捆扎在一起的裁切不均匀的书页你会觉得是不是装订方面出了什么问题。其实，这正是这本书的创新之处。带有褶皱的纯白色亮光硬皮封面、捆扎书页的弹性带子（与白色紧身内衣的吊带极其相似）和带子下面绣有书名的悬挂标签，这些设计元素使它看上去就像是服装销售人员的活页样本夹。

不过，Hastings解释说：“这个设计的灵感实际上是受到了百褶连衣裙的启发。我尝试通过强调材质和结构来形成立体实物。借用形式、光线和阴影比用图片或照片对一本有关时尚的图书来说显得更合适。书中的图像大多是彩色的，也有些是黑白两色的，而页边上过宽的留白为观者提供了想像和表现的空间。”

无论是精心还是随意，这本书综合应用了大家可以共享的特殊设计元素，例如，具有触感的材料和质地（在关于篮球的书中会见到篮框，在关于园艺的书中会见到真正的园艺产品）、标签、腹带和吊牌。缝纫和刺绣的技法开始回潮，富有表现力的刺绣字体也开始流行，这些都是因为平面设计回归了其讲究手艺的本源。

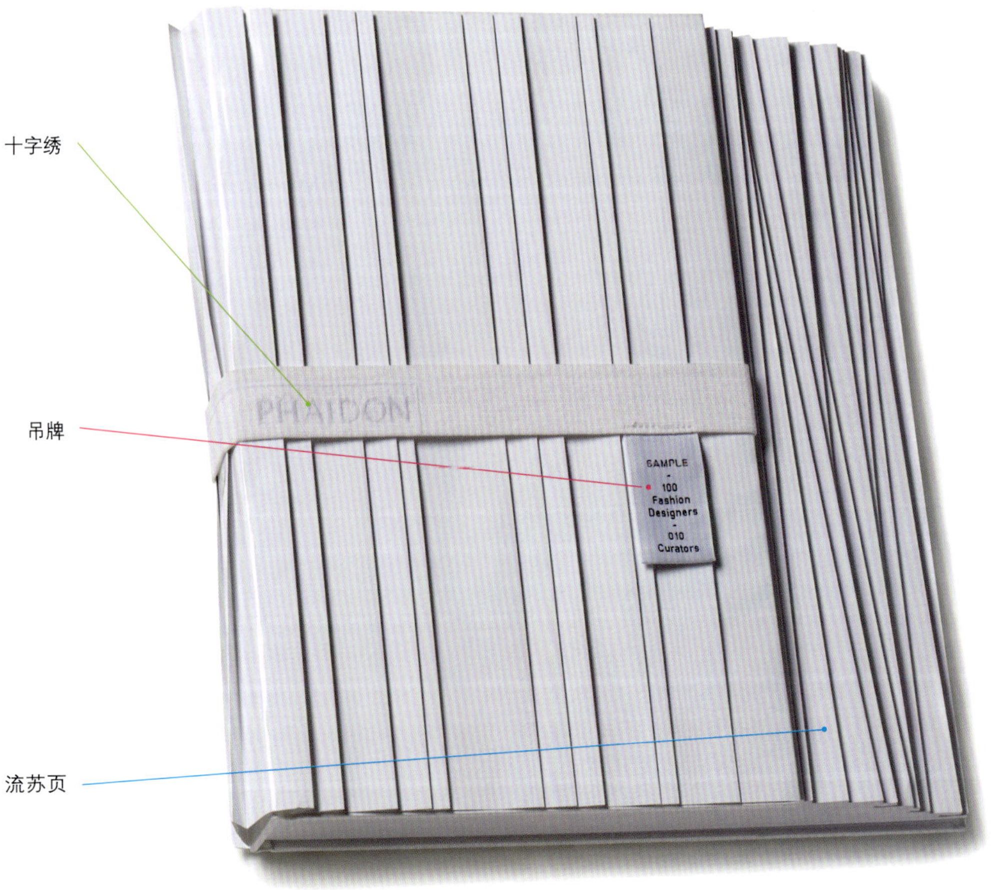

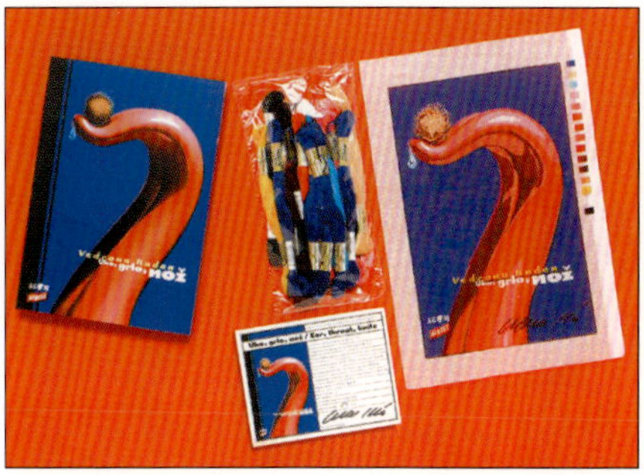
1

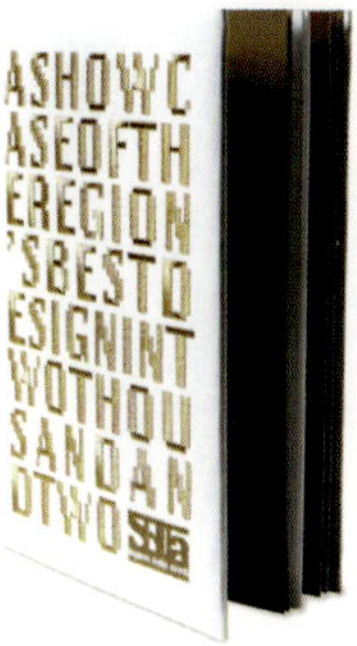
2

3

4

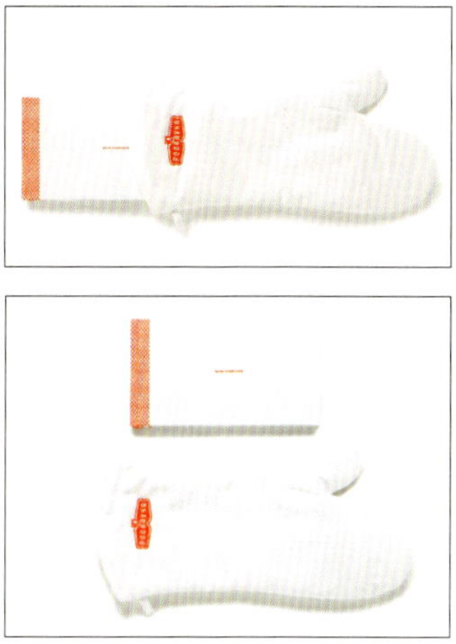
5

6

7

8

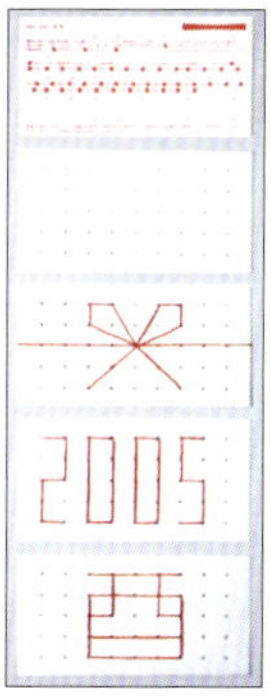

9

10

十字绣

1. 刺绣书的图书封面，2002年
2. 《新加坡设计奖》的图书封面，2002年
3. 《I Made This For You》（我为你做了这个）十字绣图书，2002年
4. 《In Memoriam》（缅怀）图书，2003年
5. 食品生产商Podravka公司年度报告，2003年
6. 《Traditional Serbian Handcraft Tablecloth》（传统塞尔维亚的手工桌布）图书，2004年
7. 《Mushroom Girls Virus》图书封面，2004年
8. 圣诞贺卡，2004年
9. 贺卡，2005年
10. 《Antiguo Automata Mexicano》专辑的CD封面，2005年

1

2

十字绣

1. Just Like Home（就像家一样）目录册，2001年
2.《Mother Goose》（鹅妈妈）图书封面，1931年

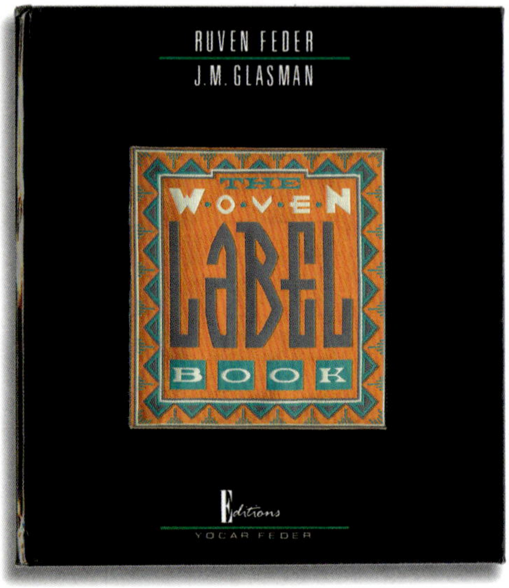

1

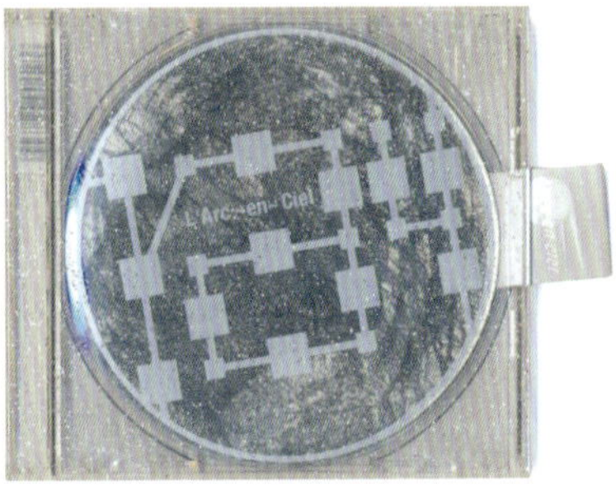

2

3

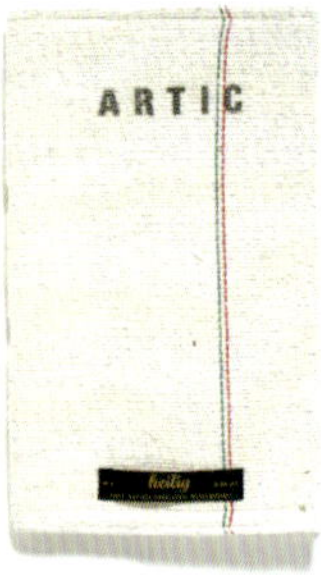

4

5

6

7

8

吊牌

1.《The Woven Label Book》图书，封面采用了真正的梭织标签，1989年
2. 彩虹乐团《Ray》（世界之光）专辑的CD包装，1998年
3. Custom Made By Kaas Tailored（由Kass Tailored定制）目录册封面，2001年
4.《Artic》（北极）图书封面，2001年
5.《Book of Fakes》图书，2002年
6. Lubecker Laufladen视觉识别，2003年
7. Red Snapper乐队《Redone》专辑的CD盒，2003年
8.《Motor-Vation》图书，2005年

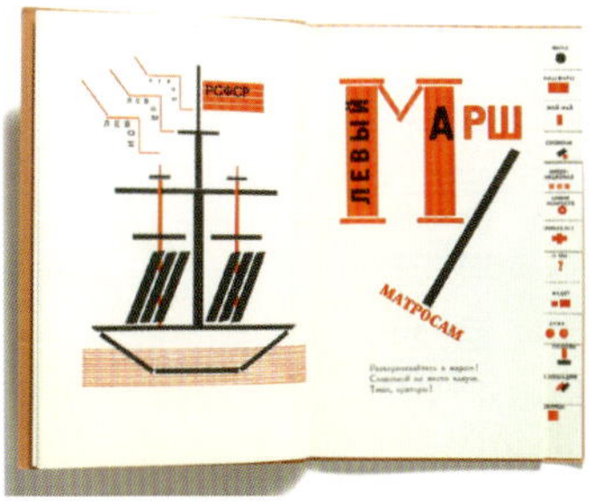

1

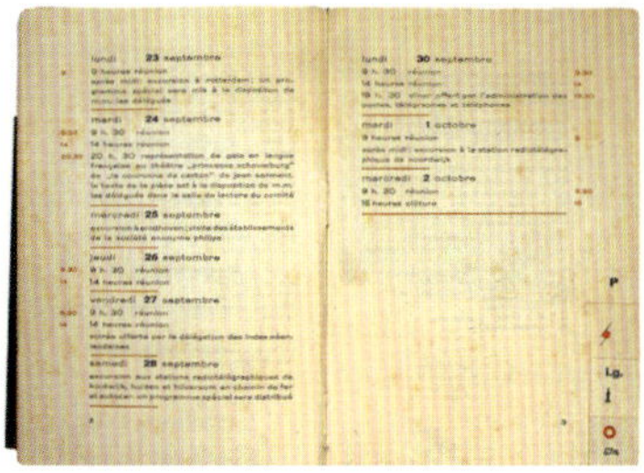

2

3

4

5

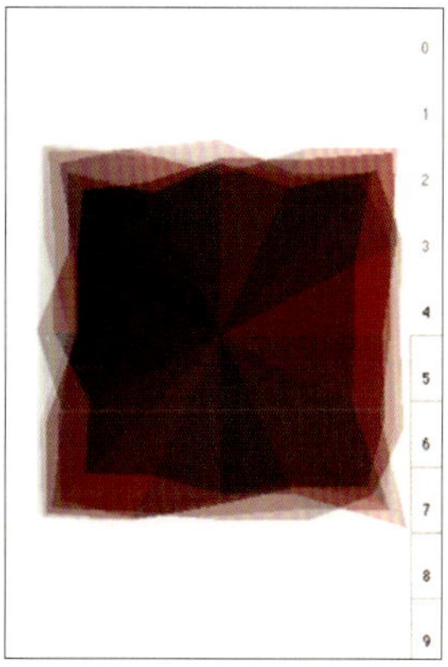

6

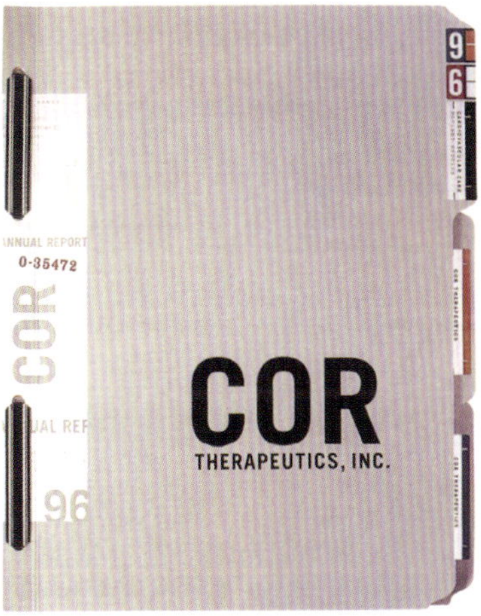

7

8

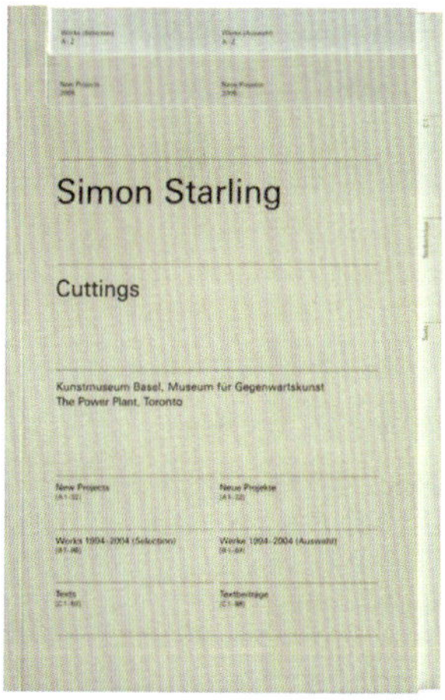

9

流苏页

1.《Poetry for Reading Loud》（大声朗读的诗歌）图书跨页，1923年
2. 关于无线电电子通信的会议的记录跨页，1929年
3. 代尔夫特电缆广告宣传册的内页，1933年
4. Barrett Cravens公司目录册，1940年
5. 图书包装，1984年
6.《The Reactive Square》图书内页，1995年
7. COR Therapeutics公司年度报告，1996年
8. Ecological Resource Center（生态资源中心）目录册，2002年
9. 艺术家Simon Starling的目录册封面，2005年

《动感设计：工作过程介绍》

设计师：Irma Boom

这是为荷兰著名室内和景观设计师Petra Blaisse的展览所设计的图书和目录册。Blaisse工作室的名字是“Inside Outside”，他们的主营业务是室内、花园和景观设计，协调室内和室外空间及室内空间、建筑和景观之间的联系。Blaisse经常会将颜色、形式和不同寻常的材料组合在一起，正是她的设计风格为Boom的设计带来了灵感。

这一展览的互动性非常强。对于一本汇集了大量信息的图书和目录册来说，设计师所选择的开本有些太小了。极简主义风格的封面上仅进行了击凸处理，掩盖了内页的精美内容。为了弥补开本的不足，设计师借用了普通的印刷技巧来营造出多层次和多维度的视觉效果。技法之一就是使用纸张的触感来强调内与外的概念对比。当读者翻书时，可以看到印刷在光面纸张上的室内设计作品，以及切口处的“室内”字样；而当读者朝另一个方向翻书时，可以看到印刷在亚光纸张上的室外设计作品，以及切口处的“室外”字样。页面上尺寸大小不同的模切的洞可以透出其下页面上的内容。这一设计成功展示出Blaisse的工作过程，以及蓝图、材料和周围环境的片段。就像这间工作室的名字所暗喻的那样，模糊传统意义上室内和室外空间的界限是这部作品的中心主题。

在接到设计任务后，Boom从自己收集的各种设计技法的百宝箱中寻找宝贝：极简主义没什么新奇，不过用来衬托Blaisse的作品，还是一种很好的回应；四处散落的孔洞也不新颖，但它们的主要作用是插入对画面的描述；用点阵的方式在切口处印刷文字也越来越流行，这种方式在传达多重信息，尤其是以图片为主的画册，尤为有效。这本图书和目录册的每一寸页面都被设计元素覆盖了，它就像是设计师书桌上的一本剪贴簿，证明了可以将很多信息收纳到一个很小的空间中，同时还可以保留优雅的感觉和合适的比例。

封面击凸、击凹和上光

切口装饰

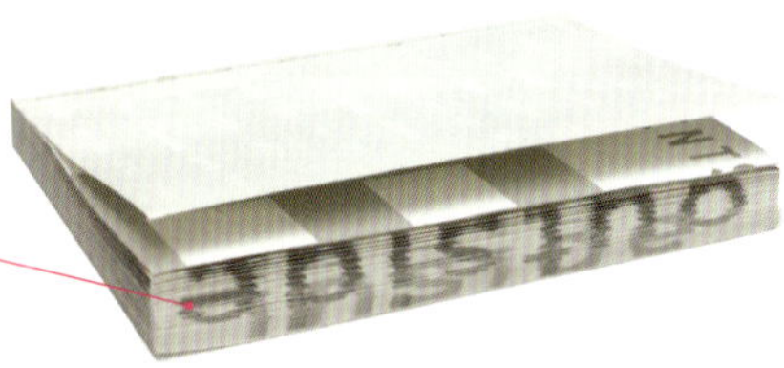

模切

1

2

3

4

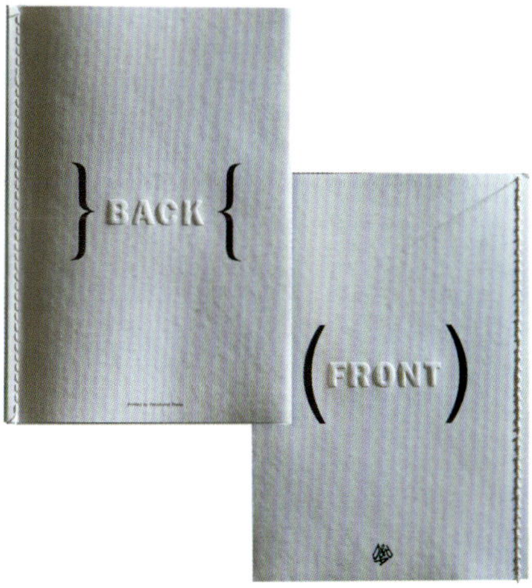

5

6

7

8

9

10

封面击凸、击凹和上光

1.《Fairy Tales Up-To-Now》（至今的童话故事）图书封面，1904年
2.《Experimenta Typographica》（实验型排版）封面，1944年
3.《U & Lc》杂志封面，1990年
4. Even a bad year looks great on Neenah paper威斯康辛纸业公司目录册封面，1993年
5. D & AD Recruitment Leaflet “BACK to FRONT”（D & AD招募传单）宣传册，1998年
6.《Revival》（复活）图书封面，1999年
7.《Marc Hungerbühler》图书封面，2000年
8.《Robert Ryman Paintings From the Sixties》图书封面，2000年
9.《Jean Widmer, A Devotion to Modernism》（让·维德迈尔：对现代主义的贡献）图书封面，2003年
10.MIN LEE的专辑CD包装，2004年

1

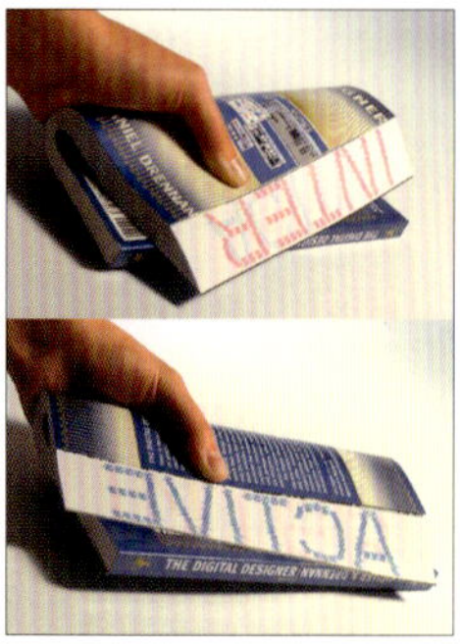

2

3

4

5

6

7

8

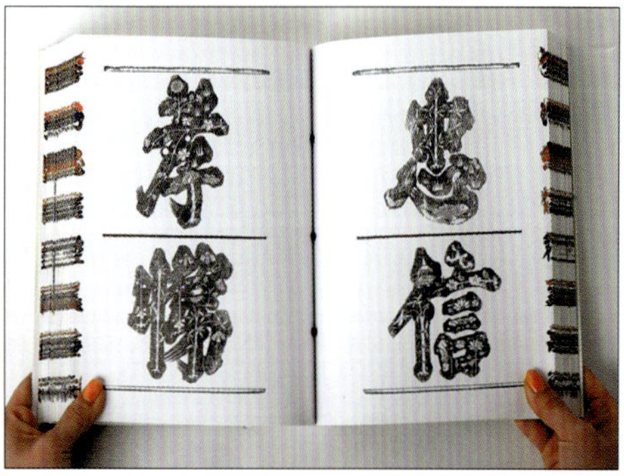

9

10

切口装饰

1.《异形的爱》图书，1996年
2.《The Digital Designer》（数码设计师）图书，1997年
3.《Eternally Yours》（永远属于你）图书，1997年
4.《Das Buchobjekt》图书，1999年
5.《Sagmeister: Made You Look》（施德明：吸引你的目光）图书，2001年
6. How Latitudes Become Forms（维度如何成为形式）展览目录 册封面，2001年
7.《The Cheese Monkeys》（奶酪猴）图书，2001年
8.《Possibly Helvetica》图书，纽约视觉艺术学院学生作品，使用Neue Helvetica作为主要字体，2003年
9. Letter Painting（文字绘画）展览目录册，2004年
10.《VIDAK 2005》（韩国视觉情报设计协会）图书，2005年

1

2

3

4

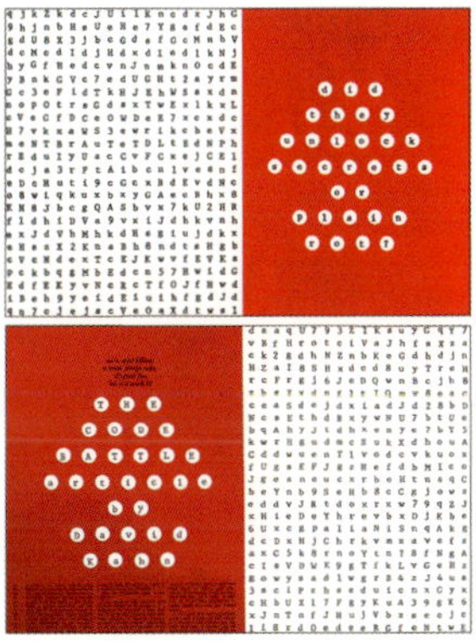

5

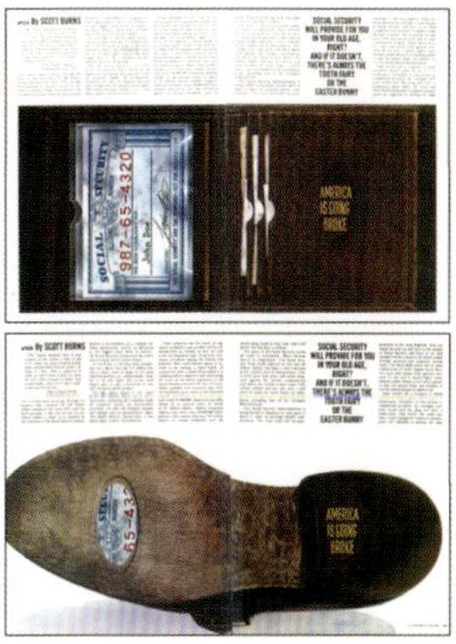

6

7

8

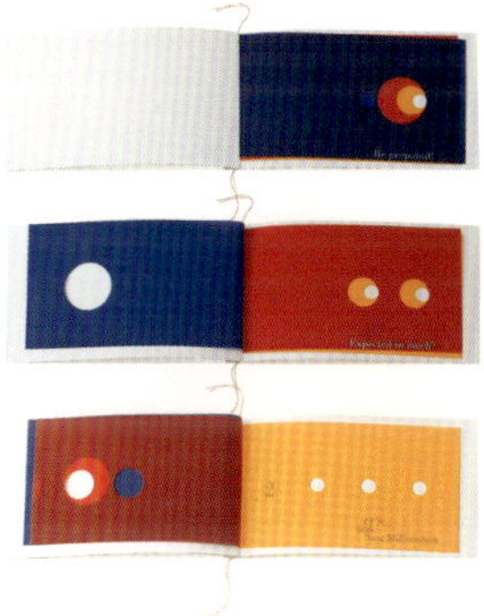

9

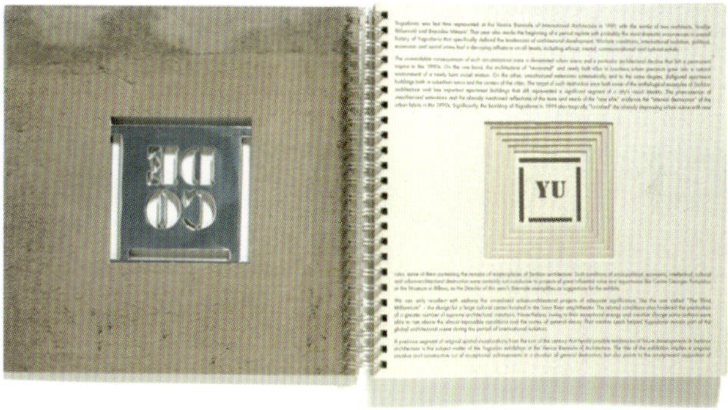

10

模切

1. 图书，1933年
2.《The Architectural Review》（建筑评论）杂志跨页，用模切的洞强调新与旧的对比，1936年
3.《View》杂志跨页，1945年
4.《The Book About Moomin, Mymble and Little My》儿童图书插画，1952年
5.《The Code Battle》（密码战）跨页，关于间谍的文章，将模切的插页放到页面上可以看到文章内容，1975年
6.《America Is Going Broke》（美国将要没钱了）跨页，1976年
7.《VH-1 Honors》图书，1994年
8.《Color Farm》（色彩农场）图书，将模切的图形重叠起来可以组成动物，传授给孩子们两方面的知识，1997年
9. 充满希望的新千年，贺卡，2000年
10. Destruction Construction（毁坏，建造）目录册，2002年

《Amelia's》杂志

出版、主编、艺术总监：Amelia Gregory

精美的剪纸艺术历史悠久。在计算机出现之前，这些剪纸图案需要技巧高超的手工艺人完成，主要用于大众消费，或者是业余爱好者的收藏。虽然图案还是一样复杂，但如今的激光技术已经使制作剪纸变得容易多了。剪纸的装饰效果过于突出，但是由于新一代设计师倡导新复古装饰风格，因此剪纸艺术开始回归。

总部设在伦敦的《Amelia's》杂志在封面设计中应用了新奇的激光剪纸图案，设计师将它粘贴在空白页面上，如此设计是为了方便取卸。如果给剪纸镶个相框的话，它立刻就可以变成一件独立的艺术品了。除了绿色调的森林小精灵在灌木丛中葡萄架下开心玩耍的场景之外，在每个封面上还可以看到一个可拆卸的品牌坠饰。这个坠饰隐藏在杂志内页和封面上模切出来的蛋形孔洞中，其周围是用激光切出的树枝筑成的巢穴的效果。该杂志限量发行2000册，其本身既是一件实物，也可称为一间美术画廊，展示了大量平面设计技巧的特殊效果。

《Amelia's》的模切鸟巢并不是独一无二的，但与坠饰相结合的创意还是非常新颖的。模切手法不仅可以营造三维效果的错觉，而且实际上还揭示了平面设计背后的秘密。它不仅是一个具有象征意义的窗口，而且还是一个真正的通路，设计师可以借此拓宽观者的视觉体验。很多模切是为一个概念服务的视觉双关，有些相当复杂，形式不断变换，传达出多层次的视觉信息，而有些则比较普通。

《Amelia's》的目标客户是愿意为大胆的创作构思和独特的观点支付额外费用的小众群体。但构建杂志的兴趣也在逐步提升。只要技法可以令旧物换新颜、繁杂变简单、昂贵变便宜，设计师们就会继续使用。

1

2

3

4

5

6

7

8

9

剪纸

1. Peacock（孔雀），传统中国剪纸
2. 剪纸，19世纪
3. 《The Water Babies》（水孩子）图书插画，1915年
4. 《Barbe Bleue》（蓝胡子）童话书，1933年
5. 《The Gift of Nature》（自然的礼物）图书扉页，20世纪70年代
6. 打猎的景象，剪纸，2001年
7. 中国设计，海报，2005年
8. 海报，2005年
9. Morning Runner乐队《Burning Benches》专辑的CD封面，2006年

1

2

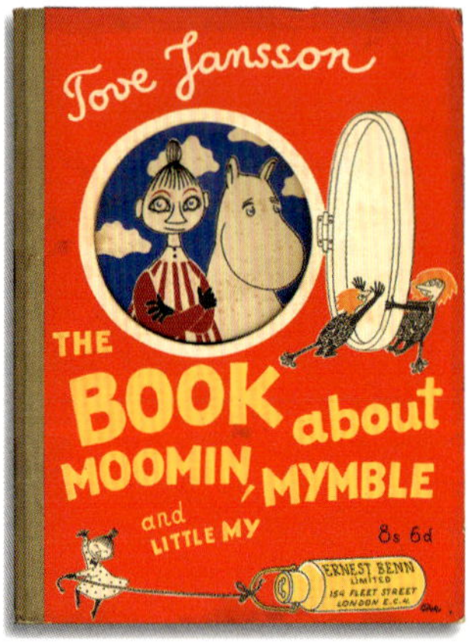

3

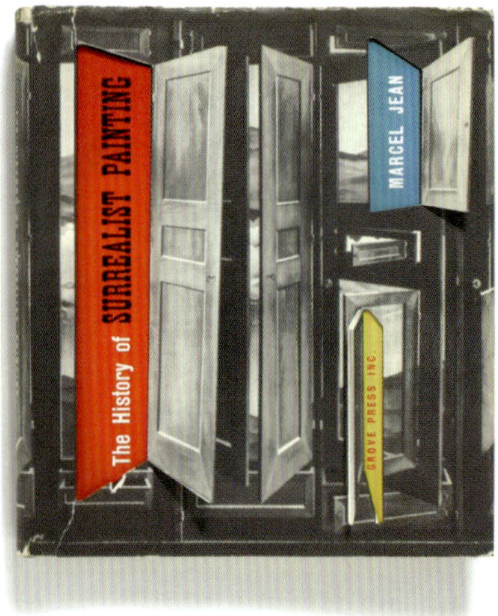

4

5

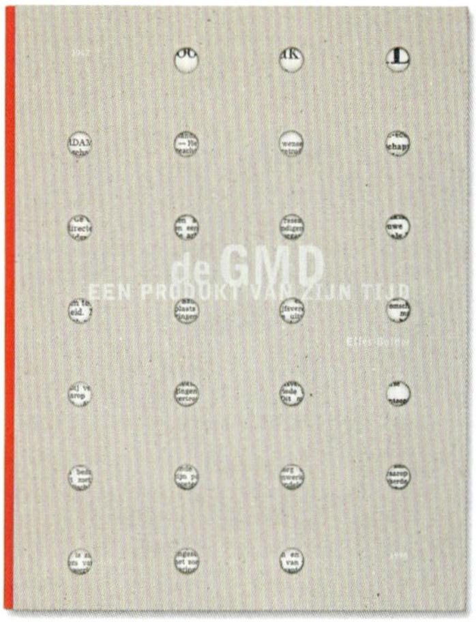

6

7

8

9

封面模切

1.《Strange Stories From Sing Sing!》图书封面，1934年

2.《Catalog Design Progress》（画册设计的进步）图书封面，1950年

3.《The Book about Moomin, Mymble and Little My》儿童图书封面，1952年

4.《The History of Surrealist Painting》（超现实主义绘画的历史）图书封面，1959年

5.《Flair》杂志封面和跨页，1950年

6.《The GMD—A Product of Its Time》图书封面，1994年

7. What Do You See?（你看到了什么？）宣传册，2001年

8.《Sayonara Gangsters》护封和图书封面，2004年

9.《Posters / Affiches》（海报/张贴的公告）图书，2005年

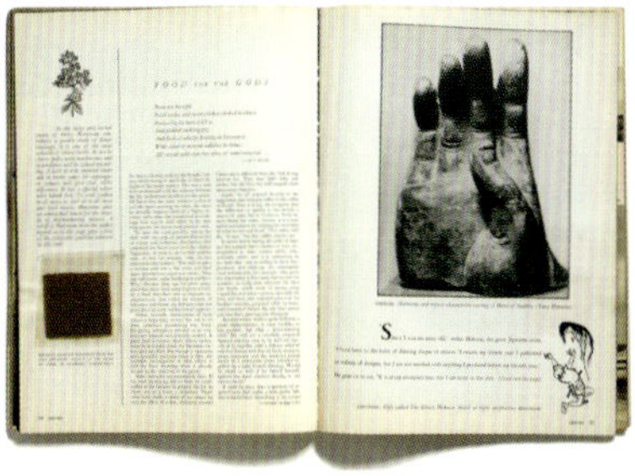

1

2

3

赠品

1. 在塑料袋里附赠一包香草种子，时尚杂志跨页，1951年
2. 附赠一个真正的放大镜，图书跨页，1955年
3. 附赠一瓶香水，图书包装，2000年

1

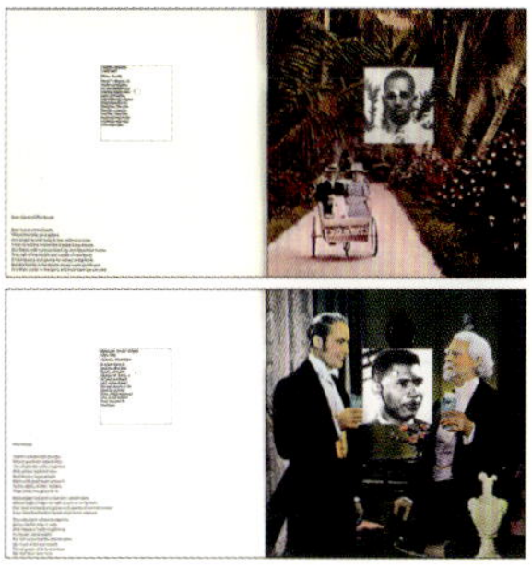

2

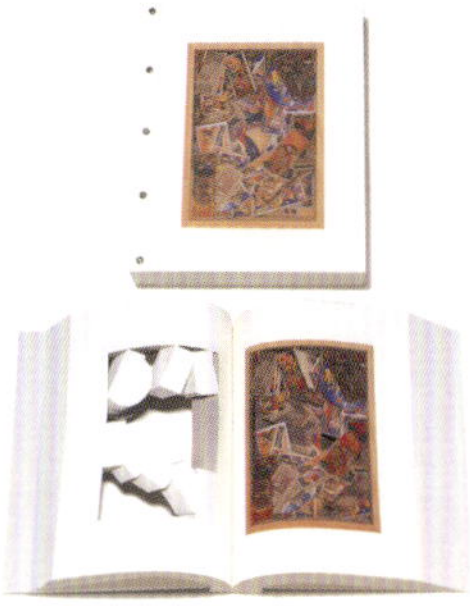

3

4

5

6

7

内文模切

1.《The Red Badge of Courage》（红色英勇勋章）图书跨页，血滴和模切的洞一起成为页面的设计元素，1968年
2.《The South》杂志跨页，黑白新闻图片部分采用了模切，1969年
3. 亚光纸样，1996年
4.《Abgeschossen》图书封面和跨页，1997年
5. 杂志封面和跨页，1999年
6. Primoz Grasic，Moja Zelja《My Wish》（我的愿望）专辑的CD封面，2000年
7. Jazzanova乐队《In Between》（中间）专辑的CD封面，2002年

《埃里尔森：封闭的展馆》

设计师：CYAN

几乎没有比展览目录更适合做试验的平面设计机会了。艺术和设计之间的关系是在形式和内容上进行创新的沃土。如果艺术家同时也是设计师，那么一切皆有可能。但是，当设计师需要诠释一位艺术家的创意时，两位或两位以上的天才人物为一项共同的事业精诚合作能够创作出挑战传统的作品。那句“为意外做好准备”的谚语即可充分体现这一点。

CYAN为乌拉夫·埃里尔森（Olafur Eliasson）所做的设计方案是一本螺旋装订的书，它与这位艺术家的前卫装置相得益彰。按照埃里尔森的说法，这本书既没有开头，也没有结尾，它只是收集了一些相互关联的思想、创意和试验。在这个艺术展中体现了许多他的艺术策略，其中包括镜面反射、玻璃万花筒、楼梯的延伸、建筑的介入和暗箱等。一位评论家这样写到：“它撤除了作品与观众、外部与内部、艺术与科学之间的界线，从而强烈地冲击着人们的洞察力。”然而，与其说这本书是这场展览的直接表现，不如说它收集的是一些对埃里尔森在人类不断发展的自我定位能力方面的兴趣有所研究的作者、诗人和理论家的作品。CYAN的设计并不仅仅是这些理念的一个框架，它是一个文字性介入，用来分析人们如何从生理和心理上以世界为参照对彼此进行定位，以及当清除一个或多个熟悉的方位时会发生何种情形。拆散的文字栏、各种插页和折叠页使读者心生迷惑，而螺旋装订又使其页面易于查找。

螺旋装订源于20世纪20和30年代的机器时代，当时，除其功能特性之外，它还是机械式装订的象征。在此使用螺旋装订除了具有较高的成本效益之外，还可以与埃里尔森的审美标准相互呼应。此外，错位的、变形的文字栏设计虽然不利于阅读，但它营造了动态感，通过打破平衡突出强调了埃里尔森的艺术目标。

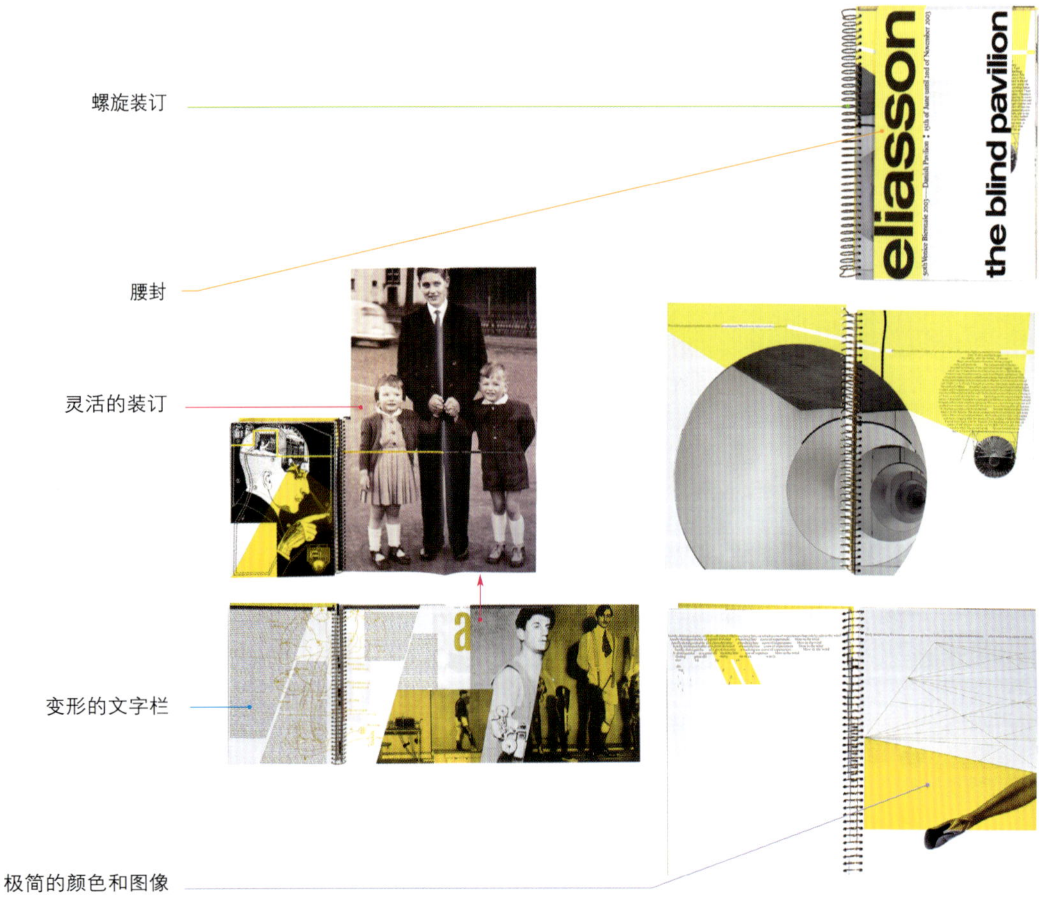

1

2

3

腰封

1.《KWY》杂志封面，1962年

2. ONVS公司年度报告，腰封是一段录像带，在黑暗中可以看见，2002年

3.《Mobility》（流动性）年鉴，2003年

1

2

3

4

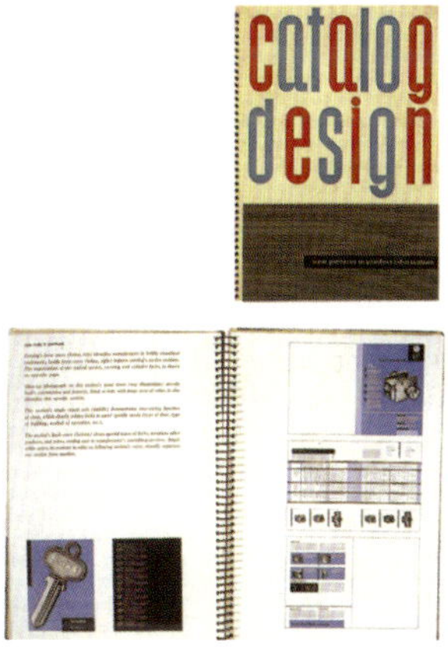

5

6

螺旋装订

1. MTV图书，1933年
2.《Nicolas》封面，宣传法国葡萄酒的图书，1935年
3.《A.D.Magazine》杂志封面，1941年
4. Mechanized Mules of Victory宣传册，1942年
5. Catalog Design—New Patterns in Product Information（画册设计——产品信息中的新图形）宣传册，1953年
6. New Media. New Alternatives?（新媒体，新选择？）设计杂志，2000年

1

2

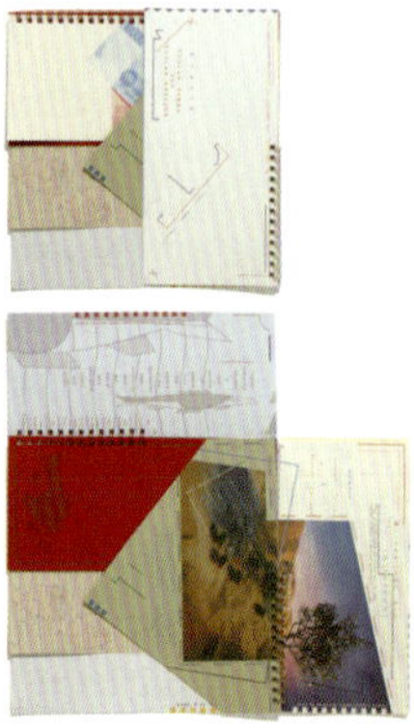

3

4

5

6

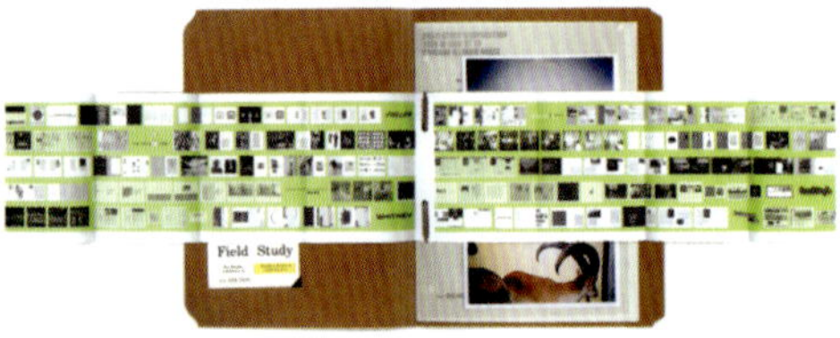

7

8

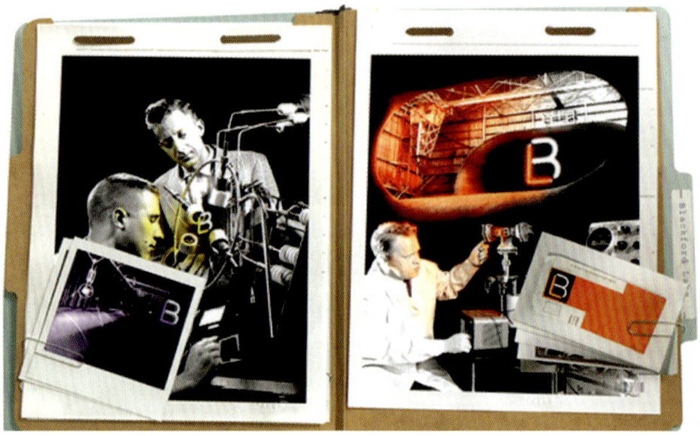

9

灵活的装订

1.《Pilgrim's Progress》（天路历程）图书，跨页中的页面可以垂直打开，阅读故事和插画，1877年
2. 关于跳伞运动的杂志跨页，页面可垂直打开，1935年
3. Curtis纸业公司宣传册，双书脊使页面产生了互动，1989年
4. 艺术家Ange Leccia的目录册，1994年
5. 周年纪念出版物，2000年
6.《Breakdown》图书，2001年
7. Field Study（实地研究）自我宣传包装，2002年
8.《Double》地下手工杂志，2003年
9. Blackford工作室的宣传册，2004年

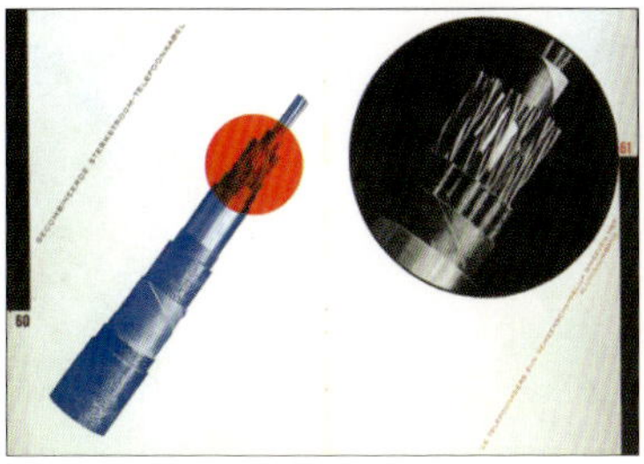

1

2

3

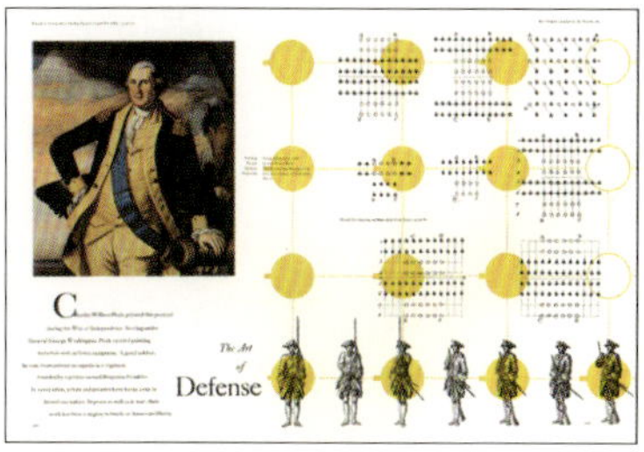

4

极简的颜色和图像

1. 荷兰电缆工厂目录册跨页，1928年
2.《O Bydleni》室内杂志封面，1932年
3.《View》杂志封面，1946年
4.《The Art of Defense》（防御的艺术）图书跨页，1952年

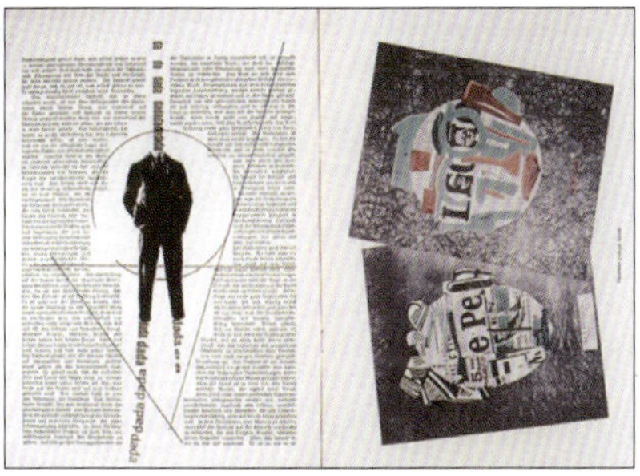

1

2

3

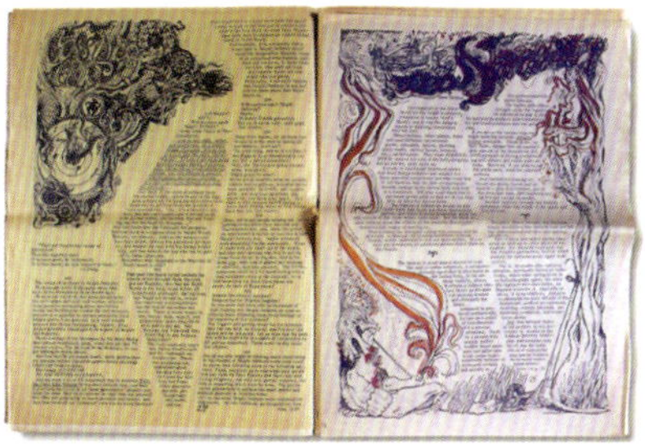

4

5

变形的文字栏

1. Was it Dada?（这是达达吗？）杂志跨页，1920年
2. The Consensus of Opinion（意见一致）杂志跨页，1938年
3.《Elle》（世界时装之苑）杂志跨页，1964年
4. 探讨迷幻设计(psychedelic design)的杂志跨页，1967年
5.《纽约时报》专栏设计，1992年

《一位设计师的意大利指南》

设计师：Louise Fili

平面设计中的主创原则指内容的构思、发展和设计全部由一个人独立完成，没有或基本没有通常意义上的合作者。主创含有作品是为创作者而非外部客户制作的意思。主创作品不一定是自费制作的，但它是独立制作的，不受常规解决方案和程序的限制。现在，有越来越多的设计师发现这是一种令人满意的方式。

这本书是一部满怀深情的作品，表现了设计师对自己父母的祖国、祖国的文化、艺术，以及她从中所受影响的挚爱之情。这是一本惠及其他设计师的个人灵感集，为了制作这部总共16页的作品，设计师花了将近两年的时间，因为几乎每一页的内容都是在不同的纸张和印刷机上印制完成的，采用了多种印刷技法，其中包括素压印、烫印和模切等。

这些费时的工序，每一项都各有渊源。例如，封面是一张印在牛皮纸上的蛋糕纸，上面还粘贴着一个药房标签，这种标签让人想起19世纪出版的书。当时，人们通常用牛皮纸来保护书，在把书带回家后，包裹图书的牛皮纸就会被丢弃。不干胶标签（或者剪一个露出书名的小窗口）往往是区别每本书的惟一办法。因此，本项目中的标签自有一种古朴和纯真的魅力。

这本书的另一个特点是在书的后部的一个小袋子中装了一本词汇小手册。在世纪之交时，这种设计非常普通，就像如今的儿童书和成人书一样。一本书不必只是一些连在一起的书页，它也可能是许多信息和人工制品的宝库。这种构思为那些可能不完全符合书中内容的材料留下了一定的空间，比如小册子、信件、卡片和其他小物件。

这本书的设计要求是提供一连串出人意料的工艺和内容。虽然每一页都达成了这个目标，但最令人吃惊的是在金属纸上以双色套印法印制的还愿物，给人一种以假乱真的错觉。这个还愿物就像一个说明印刷工艺在多大程度上能够模拟三维物体的证据。

1

2

3

4

5

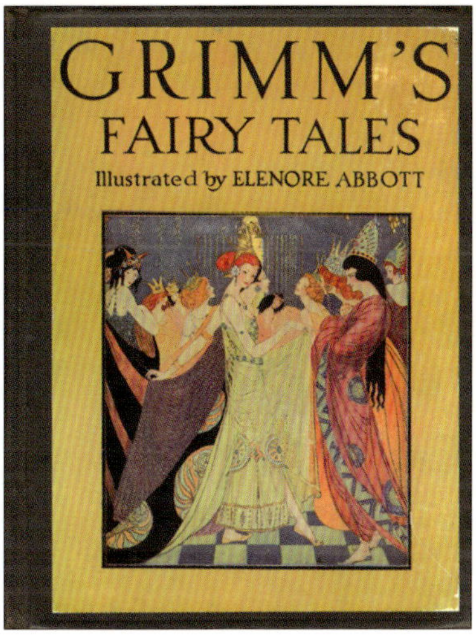

6

7

8

9

10

11

标签

1. 关于德国图书设计的图书的封面，1800年
2.《The Infant's Library》（幼儿文库）图书封面，采用彩色的纸板，然后在封面和封底贴上标签，1800年
3.《The Fine Book: Its Design》（优秀图书的设计）封面，立体派的实例，1909年
4. 图书封面，1915年
5.《Men and Machines》（男人和机器）图书封面，1929年
6.《Grimm's Fairy Tales》（格林童话）图书封面，1935年
7.《Le Salaire de la Peur》（恐惧的代价）图书封面，1953年
8.《The Pushpin Studio Style and Illustration》（Pushpin工作室的风格和插画）图书封面，1972年
9.《Paris Out of Hand》（巴黎手中游）图书封面，1996年
10. 图书封面，2001年
11.《Graphic Agitation 2》（令人激动的设计2）图书封面，2004年

1

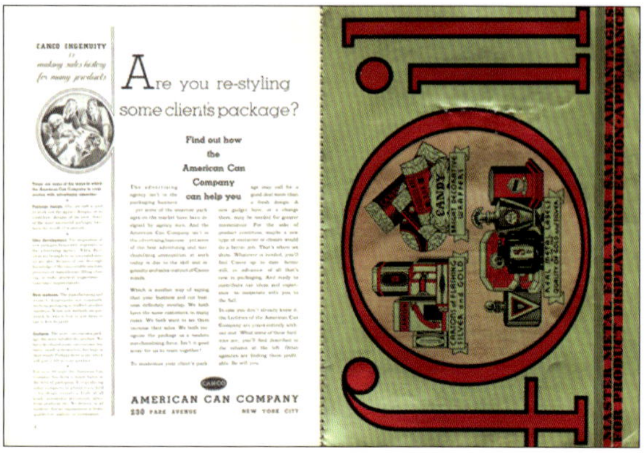

2

烫印

1. 关于版式设计理论和实践的图书，其中的页面使用了许多在当时看来很新颖的设计，右手页面使用了烫印，1931年
2. 雷诺金属公司的广告，2002年

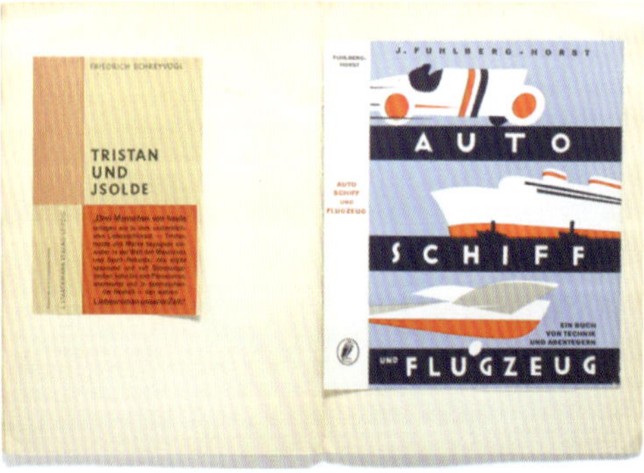

1

2

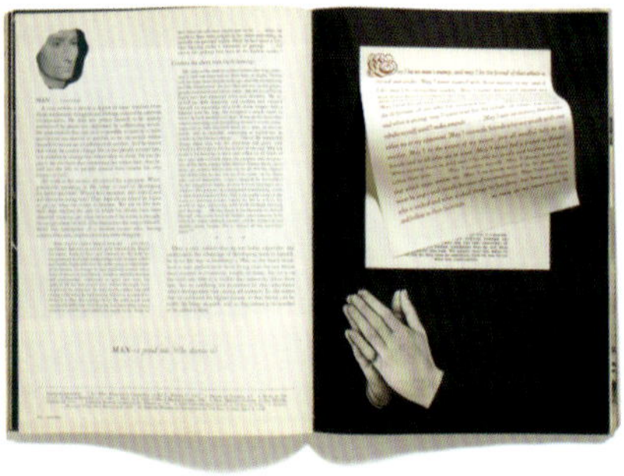

3

4

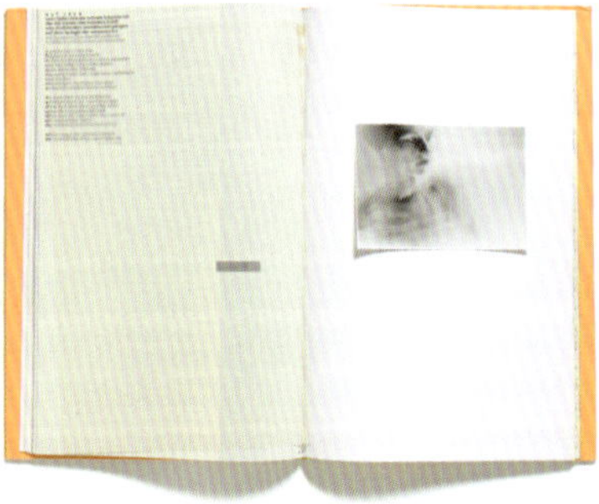

5

粘贴

1.《Archiv》杂志跨页，在杂志中粘贴了真正的图书护封，1930年
2. Spires and Silks（螺旋线和丝绸）女士时装设计师的目录册跨页，设计灵感来源于芝加哥世博会的建筑，1933年
3. Gentry（名流）杂志跨页，1951年
4.《Art of The Sixties》（60年代的艺术）图书跨页，右手页面粘贴的图片是Jim Dine的作品，20世纪60年代
5. 关于诗歌和摄影的图书，在书中粘贴了原始的照片，1996年

口袋

1.《VVV》杂志，超现实主义杂志，经常采用模切和特殊工艺，1943年
2. 纸质宣传品，1988年
3. COR Therapeutics公司年度报告，1996年
4. 目录册，将日记用为宣传工具，2003年

1

2

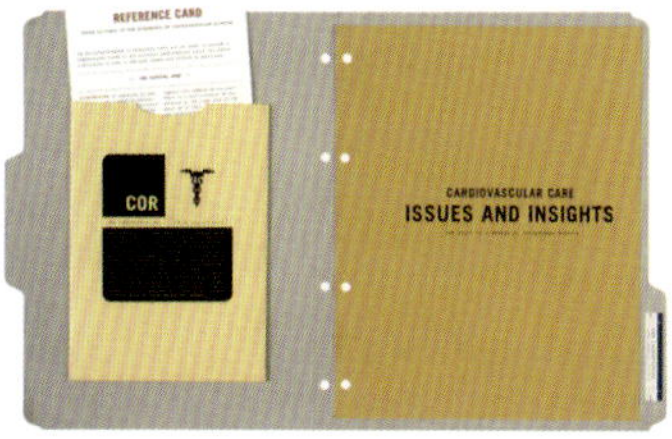

3

4

1

2

3

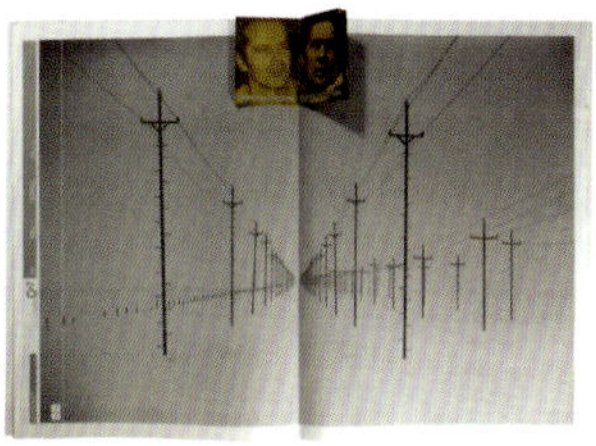

4

5

6

小册子

1.《Portfolio》杂志跨页，1950年
2.《+Rosebud》杂志，2001年
3. 图书，2003年
4. Corbis（科比斯图片库）目录册，2003年
5. 渥太华Opera Lyra合唱团宣传册，2004年
6. Studiosus公司的书中书，2005年

大富翁

设计师：Dejan Dragosavac

很多人会对“大富翁”游戏非常着迷，这是因为他们都有一个共同的愿望，或者说是心底隐藏的愿望，即致富。正是这一游戏在克罗地亚设计师Dejan Dragosavac为名为《给里耶卡文化战略的建议》的图书进行设计时启发了他的设计灵感。里耶卡是克罗地亚的一个海港城市，正在探索自己的发展道路，因此这本书的内容较为严肃，给人一种沉重的感觉。但是，借助“大富翁”游戏，设计师为文化战略的决策者们提供了一个小小的寓教于乐的机会。

一位优秀设计师的工作就是让复杂的、枯燥的材料变得吸引人。Dragosavac风格明快的版式设计和对经典游戏“大富翁”的重新设计使这本书于严肃中不失机智，于呆板行文中多了一些意外的惊喜。之所以有这样的效果，最重要的一点是设计师没有盲目沿袭“大富翁”的格式，而是通过应用具有现代风格的字体和色彩，让人们在联想到原游戏的同时，形成一种独特的风格。

此外，Dragosavac还采用了其他构思来吸引人们的注意力。首先，由于这本书是双语版，因此设计师将一半设计为克罗地亚语，翻转后，另一半设计为英文，这种方式可以避免较难处理的同步翻译问题。其次，设计师将这本书的护封变成一张海报，即“大富翁”游戏中的棋盘。近年来，这种利用一个简单的法式折叠技巧即可完成的设计已经成为一种流行风尚，在喜剧艺术家和绘图小说家中尤其流行，他们认为这种设计能够吸引读者，为读者提供一件纪念品。而对于Dragosavac来说，这也是一种将书与游戏无缝融合的有效方式。游戏组件被整齐地附在书中，需要读者互动参与。

双封面

护封

游戏

1

2

3

4

5

6

7

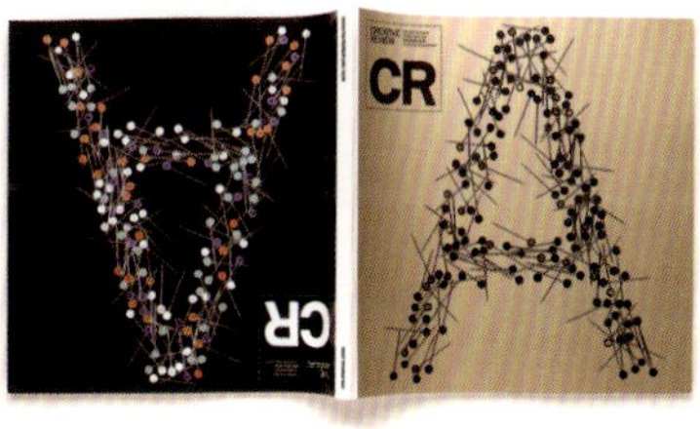

8

双封面

1.《Invisible Monsters》（隐形怪物）图书封面，1999年

2.《The Black Book》（黑皮书）图书封面，2000年

3.《This Way That Way》（这条路，那条路）图书封面，2001年

4. Let the Battles Begin. Again.（让战争再次开始）杂志封面，封面上是布什和拉登的镜像图片，2004年

5.《卓斯乐与他的学生们》图书封面，一面是卓斯乐的作品，一面是学生的作品，2004年

6. 年度报告，以两种语言印刷，可以从不同方向开始阅读，2005年

7. 封面，OTIS是一个由艺术家、设计师和学生组成的社区，2005年

8.《CR》杂志封面，一面是期刊，一面是年刊，2005年

1

2

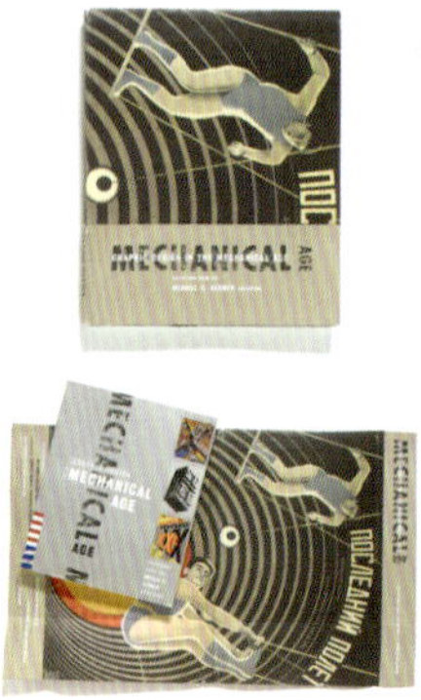

3

4

5

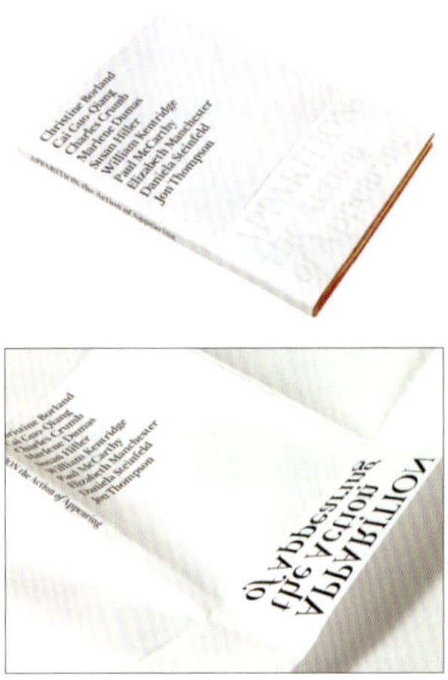

6

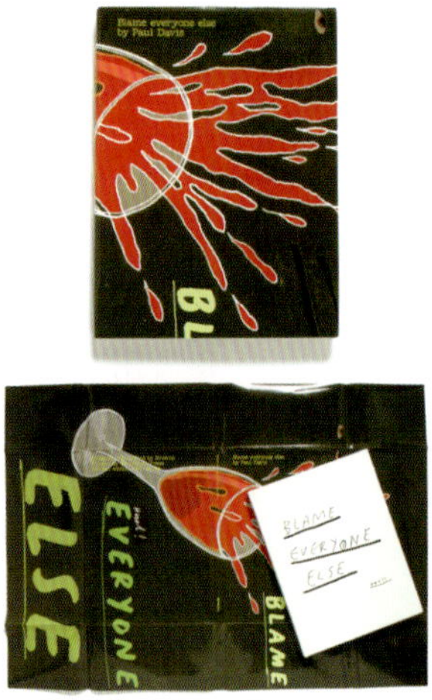

7

8

9

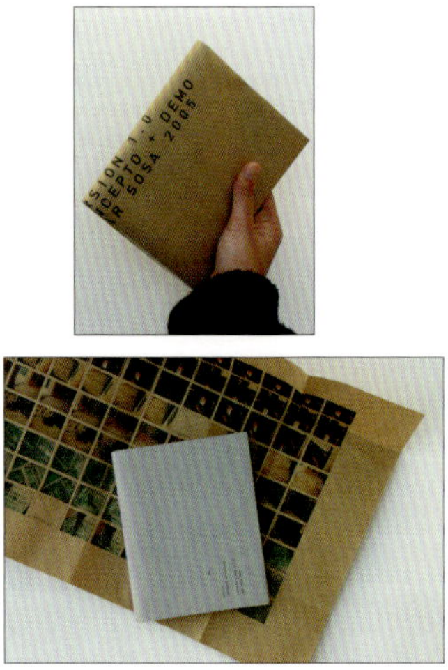

10

护封

1.《Round Midnight》（午夜旋律）图书护封，1984年

2.《Mapping the Farm》图书护封，1994年

3.《Graphic Design in the Mechanical Age》（机械时代的平面设计）图书护封，1998年

4.《Graphic Design in the Netherlands》（荷兰平面设计）图书护封，2001年

5.《B & W Zagreb》图书护封，2002年

6.《Apparition: The Action of Appearing》图书护封，2003年

7.《Blame Everyone Else》图书护封，2003年

8.《Jimmy Corrigan, The Smartest Kid on Earth》（吉姆·科瑞根:地球上最聪明的小子）图书护封，2003年

9.《American Illustration 23》（美国插画23）图书护封，2004年

10.《punctum: videoarte en contexto》图书护封，打开护封可以看到视频的静帧，2005年

1

2

3

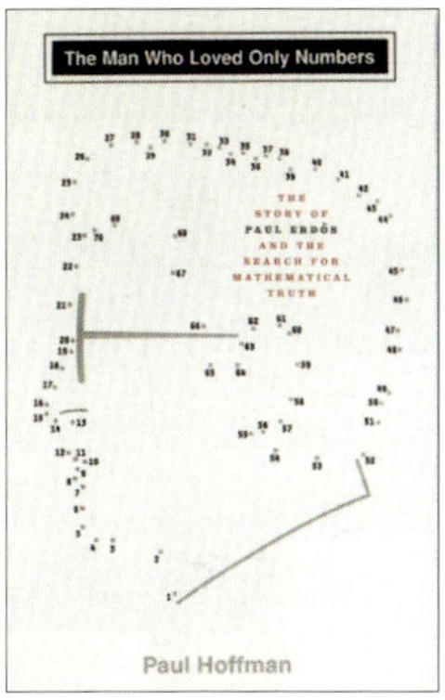

4

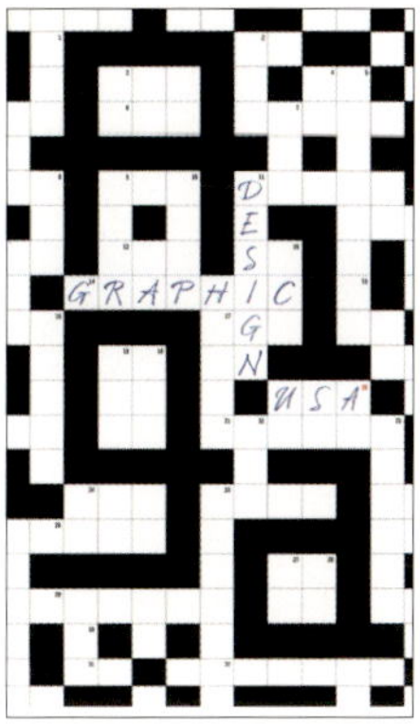

5

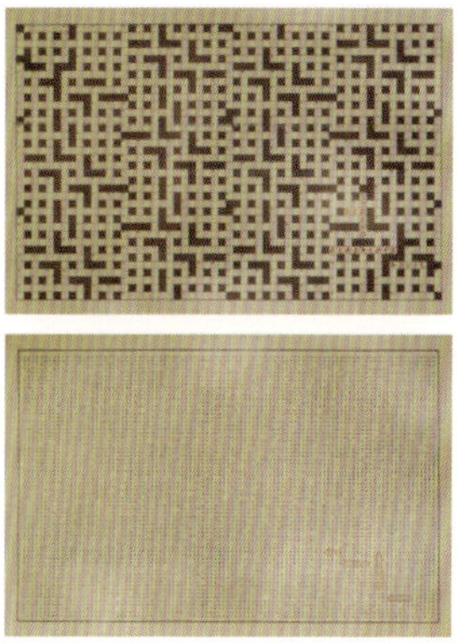

6

7

8

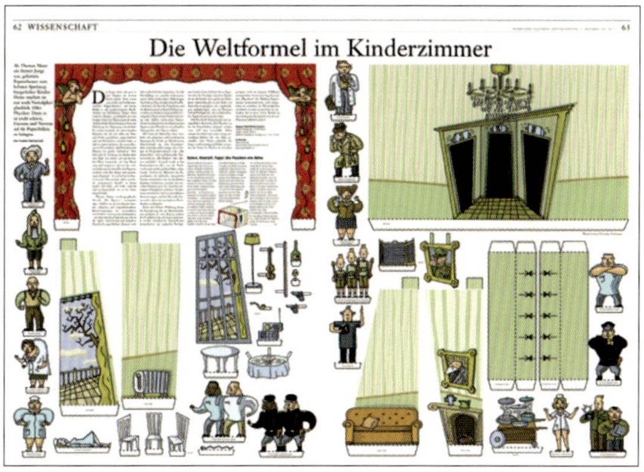

9

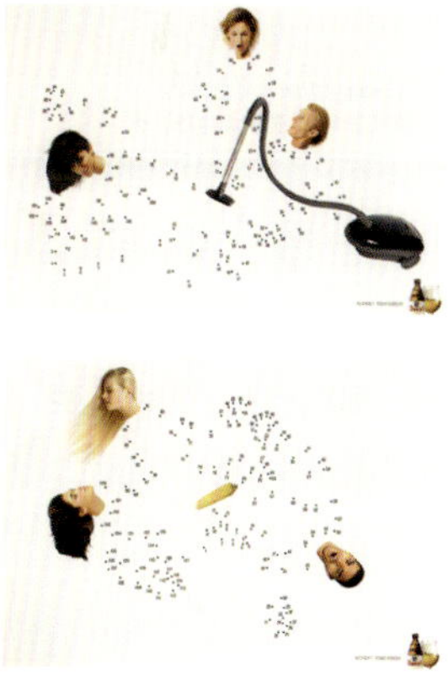

10

游戏

1. The Girl at Checkout（超市收银员）海报，1927年
2. The Conquest of Abyssinia（征服阿比西尼亚国）棋盘游戏，1936年
3. 《Monopoly Queen》（大富翁女皇）唱片封套，1994年
4. 《The Man Who Loved Only Numbers》（数字情种——埃尔德什传）图书封面，1998年
5. 《Graphic Design USA 20》（美国平面设计20）图书封面，2000年
6. 布洛芬胶囊广告，2001年
7. Skim Graphic Essay（平面设计论文掠览）杂志跨页，2001年
8. 《Inner Navigation》（内部导航）图书封面，2002年
9. Physiker Paper Theater（物理学家剪纸剧场）杂志跨页，2004年
10. Duvel啤酒广告，2004年

《奇普·基德：第一本书》

设计师：Chip Kidd

设计某人自己的设计专著可能是一种过于做作的行为。然而，由于其设计应是主体观点的延伸，因此，它不应只是一个中立的容器，而应是富有表现力的附加陈述，起到显示某个设计师作品发展轨迹的作用。Chip Kidd曾以推动书籍护封的设计而闻名，即从单纯的插图式到概念性图示和字体设计。如果不是想彻底颠覆设计所遵循的真理，他也许不会去设计一本关于自己的书。

这部专著是一本长长的横版书，不利于摆放到书架上，而且，它的精装封面只覆盖住内文页面的一半，过短的封面设计使书页的其余部分好像在风中飘动一样。这本专著的一半是普通书，而另外一半是作者狂傲个性的展现，就好像他在对读者说："我甚至能抓住最刻板的媒介形式并让其变得新颖不俗。"

在这里，Kidd巧妙地制作了一本"书中书"——对一本书进行拍摄。在封面上，放大的拇指拿着打开的书，呈现出扉页上的信息，这也许是暗含与书籍设计的历史相比，他自己的精选作品太过渺小的含义。拿着"书中书"的双手形成一种似曾相识的视觉语言，这是在以物体为主导的图片中揭示人类存在的一种巧妙方法，尽管作品中并没有出现人的身影。此外，双手也构成所持画面元素的一个框架，最大限度地吸引了观众。实际上，一双真正的手拿着印有超大拇指的照片本身就像是一场平面设计的趣味剧。

在忠实呈现自己的作品时，除了封面设计的这些构思之外，Kidd还冒了另一个风险，即在书里塞满了多重材料。在许多方面，这些材料有悖于他的简约主义风格。大型封面、草图和其他短暂的视觉印象传达出一种类似于剪贴簿的美感。为了填充版面，设计师没有把文字全部安排在图片上。此外，页边空白区的设计也非常重要，看起来就像Kidd在暗示他没有足够的纸张来展示自己的大量作品一样。

手

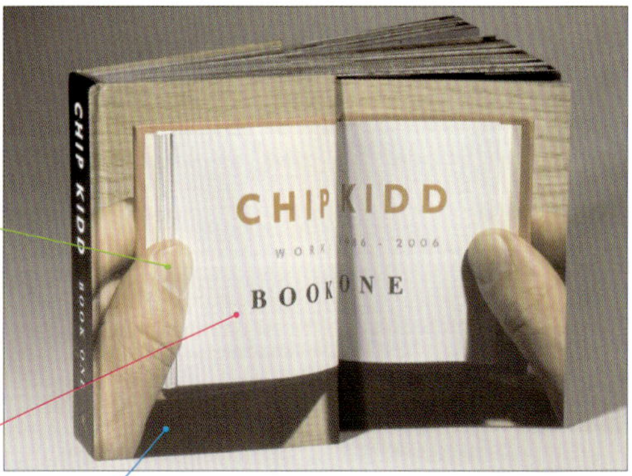

书中书

内页大、封面小

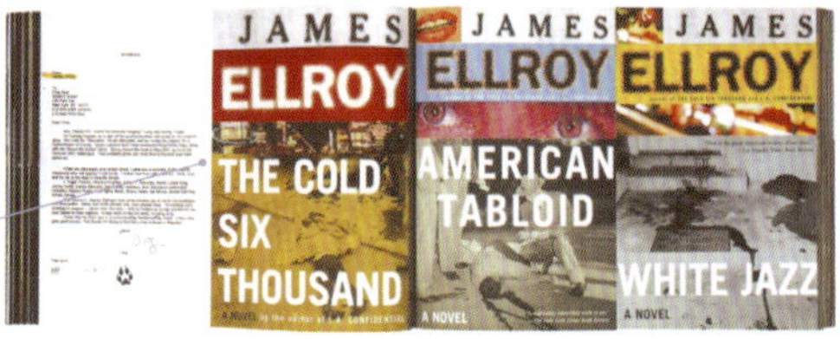

跨页

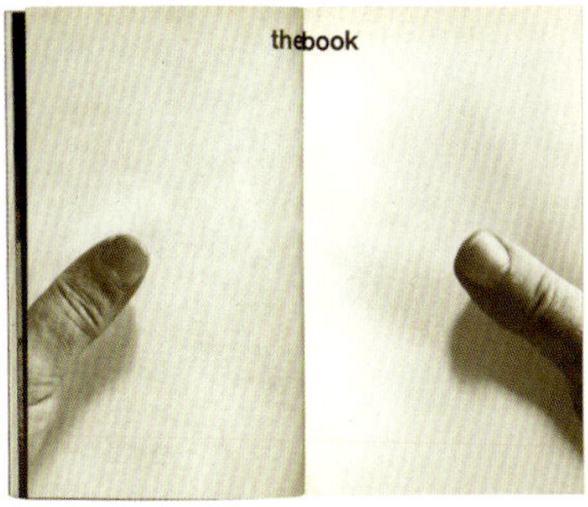

1

2

3

4

5

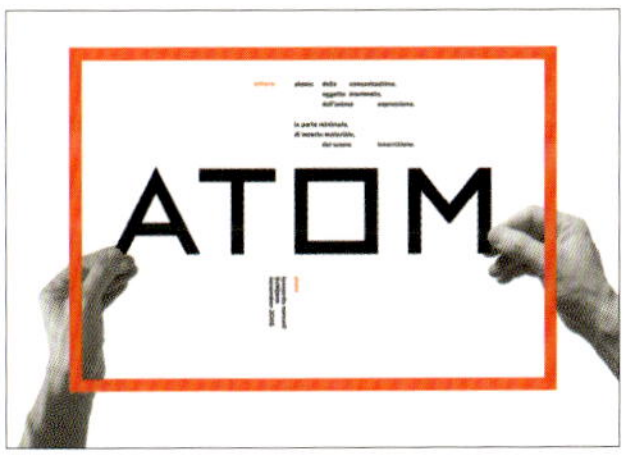

6

7

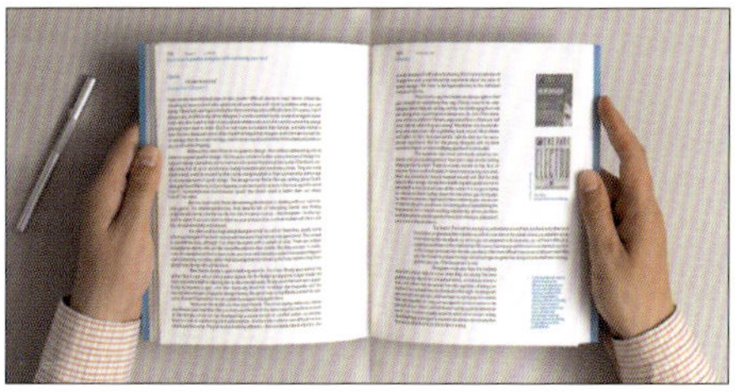

8

手

1. The Book is an Extension of the Eye（书是眼睛的延伸）跨页，1967年
2. 《The Complete Tadanori Yokoo》（横尾忠则全集）图书封面，1971年
3. House and Leisure（舒适的家）广告，2000年
4. Hybrid Video Tracks海报，设计师在每次印刷中遮挡了这幅图片的不同部分，以此营造了四种可供选择的海报，2001年
5. 《That Night and Days to Come》唱片封套，2002年
6. ATOM（原子），莱昂纳多·索罗里展览的海报，2005年
7. 《The Quiet Life Camera Club》（安静生活摄影俱乐部）图书封面，2005年
8. 《How to be a Graphic Designer, Without Losing Your Soul》（如何成为一名平面设计师，而且不丧失你的灵魂）杂志文章，2005年

1

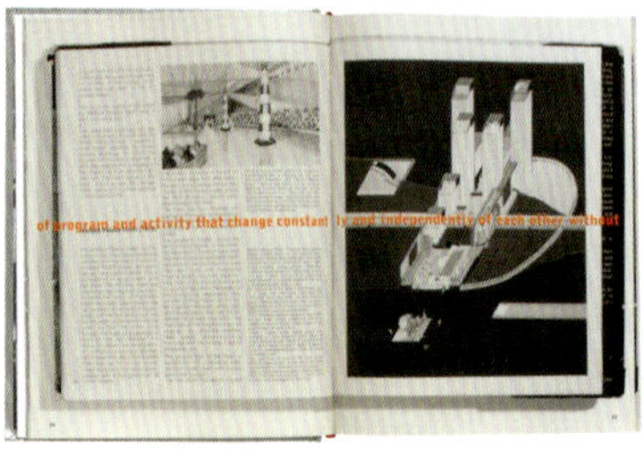

2

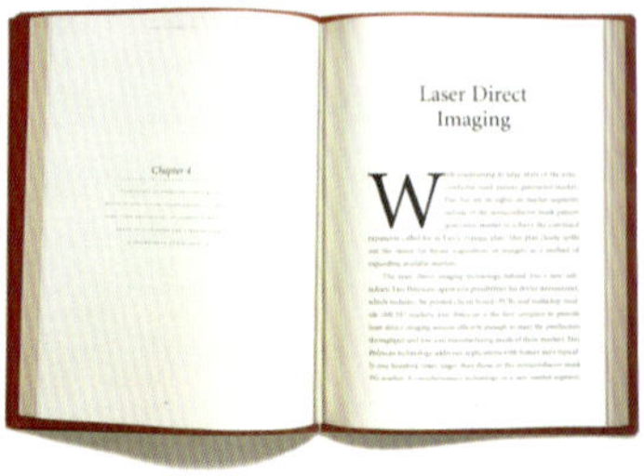

3

4

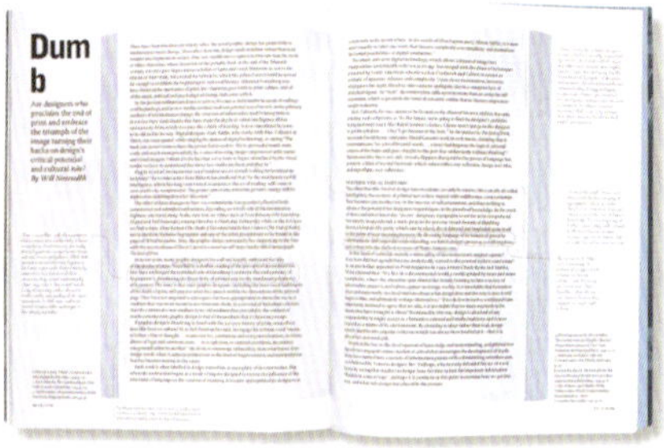

5

6

7

8

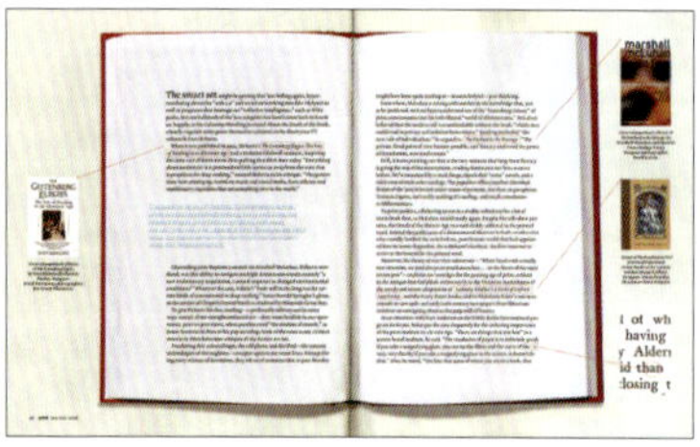

9

书中书

1. 宣传册，书中书用于说明德国在文学和哲学方面的传统，1934年
2. 图书跨页，1995年
3. Etec公司年度报告，1996年
4. Design Writing Research（设计写作调研）图书跨页，1996年
5.《Eye》杂志跨页，1996年
6.《Twelve Fingers》（12个手指）图书封面，2001年
7.《What is Graphic Design?》（什么是平面设计？）图书跨页，2002年
8. 年度报告，2005年
9.《Print》杂志跨页，关于电子书对抗印刷品的文章，2006年

1

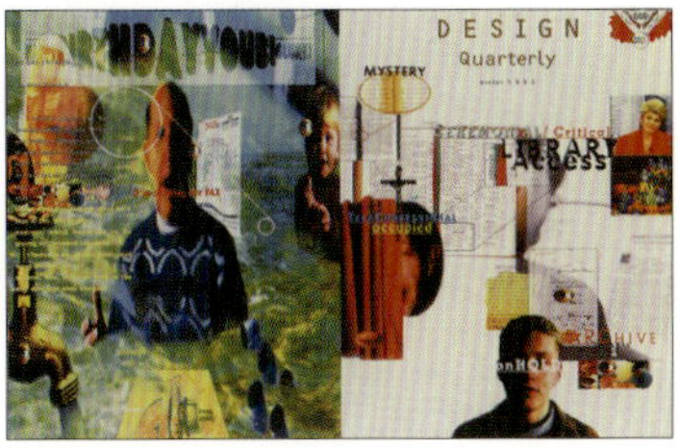

2

3

4

跨页

1. Hear They Come（听，他们来了）杂志跨页，1942年
2. Redefining Electronic Display（重新定义电子展示）跨页，1993年
3. Set Things in Motion跨页，1993年
4. The Sun. The Moon. Do You Not Remember?（太阳，月亮，你都忘记了吗？）图书跨页，1995年

1

2

3

4

5

内页大、封面小

1. 关于无线电电子通信的会议的记录，1929年
2. The Past,The Present,The Future（过去，现在，未来）宣传册，2003年
3. 展览目录册，2004年
4. Beauty and Nuance宣传册，2005年
5. Chicago Board of Trade（芝加哥商品交易所）年度报告，1994年

企鹅丛书

设计师：John Hamilton

为了纪念成立70周年，著名的平装书出版商企鹅出版集团（Penguin Books）决定从其再版书目中选取70篇著名短篇小说，制作成盒装丛书，这个创意为吸取历史精粹和创新创造了大量机会。

1935年，阿兰·莱恩（Alan Lane）创建了企鹅出版集团，该集团始终以尽可能低的价格提供优质内容，在设计历史上占有非常重要的地位。企鹅的标识是根据伦敦动物园中的企鹅形象制作而成的，它与严肃文学相映成趣。此外，这种风趣也与风格庄重的书籍封面形成鲜明的对照。莱恩并没有采用传统的插图形式，而是在印刷时采用了各种不同的颜色，以此区分图书的种类：橙色代表科幻小说，绿色代表犯罪小说，蓝色代表传记。

这套丛书每一册的尺寸都相同，而且尽管每一册的封面上都有一张独特的图片，但书脊设计都采用了相同的风格：企鹅标识位于底部，作者和书名全部位于顶部。不过，真正将这些联系在一起并赋予其强烈现代气息的是一排从亮到暗延伸的七色彩条。

这种设计沿用的是双墨印刷工艺，即将两种不同颜色的油墨注入印刷辊两端，随着印刷机的加速，油墨会融合，从而使印刷表面呈现出多种颜色组合。在20世纪60年代，这种印刷工艺经常用于印制地下报纸和海报（为了节省成本），到了21世纪初期，它也被用于书籍封面、年度报告和其他印刷品中，制造出有多种色彩的错觉。此外，七彩色也更具现代感：光盘盘面独有的光泽已经成为计算机时代的象征。

在这套丛书中，还有一个重要的部分就是企鹅集团的纪念标识。标识的设计仍遵循一个基本惯例，即把数字作为标识的框架。与联合国60周年纪念标识一样，企鹅集团70周年标识的0中也包含着一个知名的吉祥物标志。

1

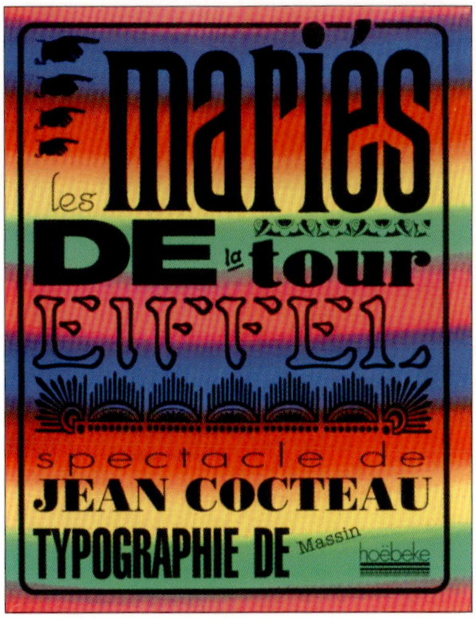

2

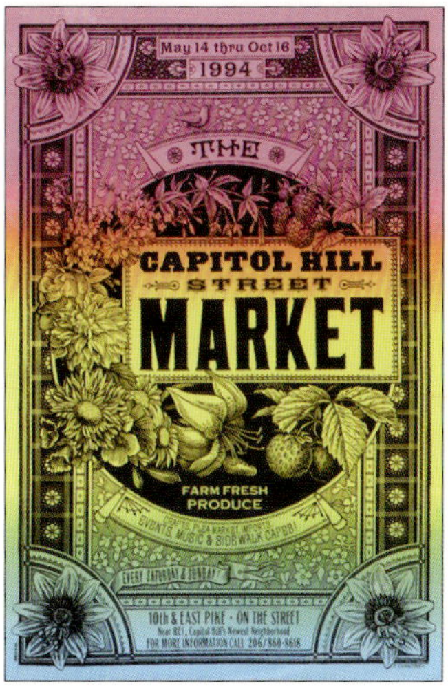

3

4

5

6

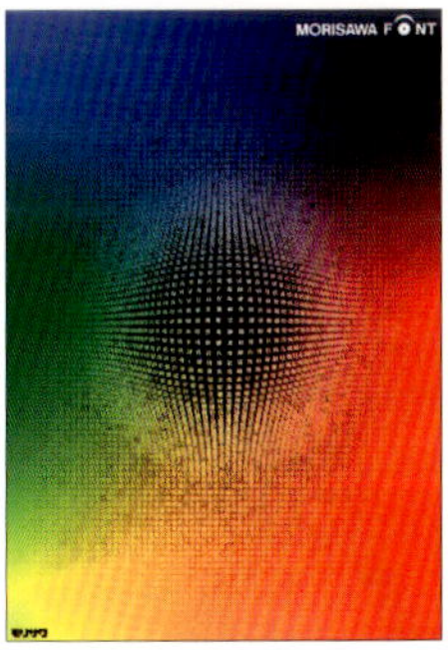

7

8

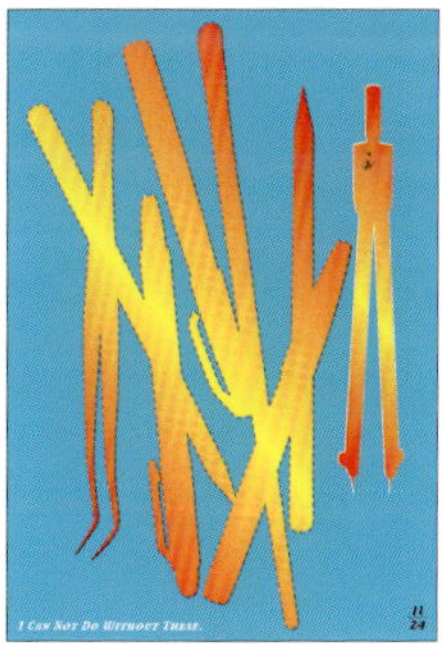
9

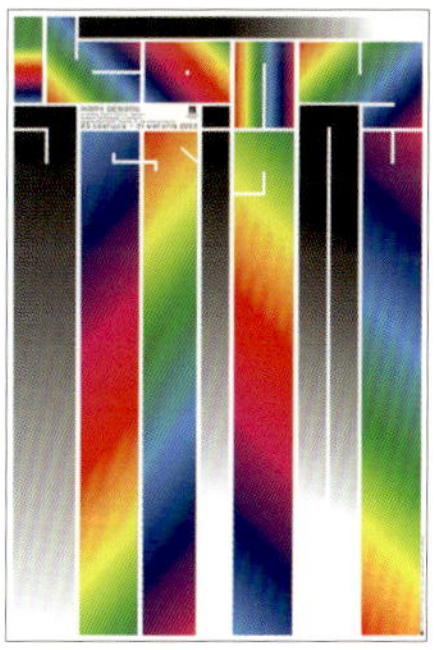
10

彩虹

1. 丝网印刷的海报，1969年
2. 《Les Maries de la tour Eiffel》（埃菲尔铁塔的婚礼）图书封面，1994年
3. Capitol Hill Street Market（国会山集市）宣传海报，1994年
4. Fiesta（嘉年华）海报，1996年
5. 色彩图书，2000年
6. 《Rock My World》（天旋地转）图书封面，2002年
7. Morisawa字体工厂的海报，2002年
8. 《Freistil》（欧洲最佳商业插画设计）图书，2003年
9. I Can't Do Without These（我不能没有这些工具）海报，2004年
10. Ikony Designu海报，色块与线条营造出“Ikony Designu”的每个字母，2005年

1

2

3

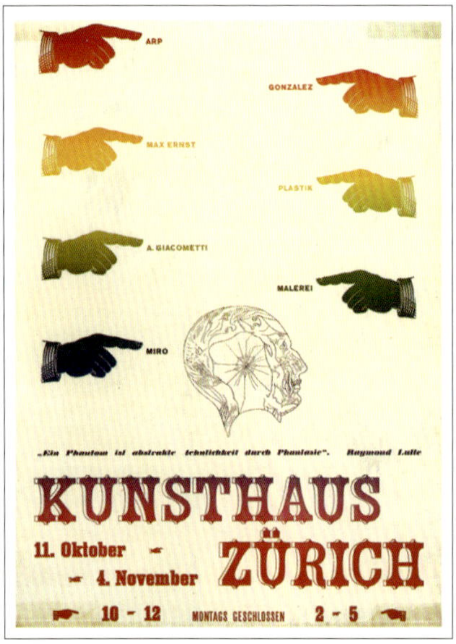

4

5

6

彩虹

1. 杂志跨页，1954年
2. 《Fortune》（财富）杂志封面，1946年
3. 美国轮胎广告，20世纪30年代
4. An Image Is an Abstract Likeness Through Imagination（一幅图像是一个抽象作品，这与想像力有相似之处）展览海报，1934年
5. 《Heimkehr》电影海报，1928年
6. 《Some Further Portions of the Diary of Lady Willoughby》图书封面，纸板上的纸张以黑色图案印刷然后再叠印，1848年

1

标识演变

1. 企鹅出版社的标识，1935~1949年

1

2

3

4

5

6

7

创意书脊

1.《Arts Décoratifs & Industriels Modernes》（现代工业装饰艺术）图书装订，1925年
2.《De uvres de Georges》Georges Courteline（乔治・库特林全集）图书装订，1928年
3. 从A到Z的字典，1975年
4.《Masao Kawai Work of Collection Book》图书，1997年
5.《A.Bernard Ackerman》（伯纳德・阿克曼）套书，2000年
6.《Bornfree》（生而自由）图书装订，2000年
7. Vertical公司系列图书，将当代最好的日文图书翻译为英文出版，2003年

1

2

3

4

5

6

7

8

9

纪念标识

1. 阿波罗号登月20周年，1989年
2. 美国空军50周年，1997年
3.《花花公子》杂志50周年，2003年
4. 自闭症研究联盟10周年，2004年
5. 玛丽・路易斯学院70周年，2006年
6. 联合国50周年纪念邮票，1995年
7. 埃克森公司30周年，2002年
8. 阿道夫和罗斯・里维斯犹太人社区中心20周年，2003年
9. 联合国60周年，2005年

《动态模糊》

设计师：Onedotzero

新媒体的碰撞会产生出一些混合形式，其中最古老、最受人尊敬的一种媒体形式正在经历着转变，想让自身在一个数字饱和的世界中具有更加重要的意义。随着印刷和各种数字消费热潮的更迭，普通书籍的制作受到了严峻的挑战。因此，眼下兴起“实验潮”的一个原因可能在于再次证明书籍并非是过时的物体，另一个原因在于吸引那些确实在互联网上接收大量信息的读者重新回到翻阅印刷书籍的乐趣中来。

在寻求永恒的重要意义时，书籍希望通过美化包装来增加其持久性。例如，封面不一定只采用卡纸或纸板，现在，印刷商可以提供模塑塑料、橡胶、丝绒、皮革和海绵等新型封面材料，可以在增加有趣的触感的同时起到保护书籍的作用。

《动态模糊》是对动态数码影像——电影、电视、动画、特效和交叉媒体影像——的制作者及其对视觉文化的影响的调查总结。在这套采用了特殊材料和复杂印刷工艺的书中，除了一本普通的书籍，还包括一张DVD，里面录制了两个小时的音乐视频、个人短片、TV、宣传片和商业广告，这些内容都被巧妙地放置在一个光滑的海绵书套中。

除了包装方面的绝对触感之外，设计师还对《动态模糊》的海绵书套进行了激光模切处理，即将书名刻入海绵中。这个工艺是模仿运动的一种手段。当将书籍和DVD从海绵书套中取出时，颜色、字体和图像会不断闪烁，从而营造出一种模糊感。按照数字世界的说法，模糊影像是暗示运动的一种有效方法。在20世纪的大部分时间里，印刷商与摄影师都将静态的模糊图像用为对速度的暗示。如今，甚至是文字方面的模糊，也都暗示着视觉媒体急速融合的步伐。

1

2

3

4

5

6

7

8

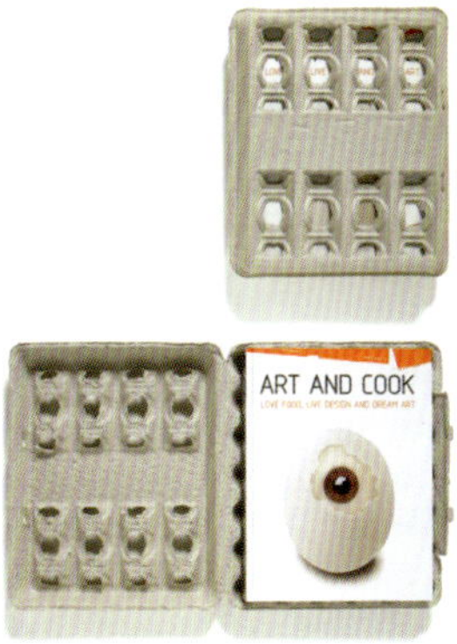

9

10

创意书盒

1.《Red Blouse》（红罩衫）图书，一位韩国表演艺术家的目录册，1995年

2.《Abgeschossen》图书封面，每一册的封面上都有一个弹孔，而且随书附赠一颗真正的子弹，1997年

3. One Woman's Wardrobe（一个女人的衣柜）时装展目录册，1998年

4.《Water Planet 03》（水行星）图书，2001年

5. Destruction Construction（毁坏，建造）目录册，书套由混凝土制成，2002年威尼斯双年展

6.《Hwa's Journey to Enlightenment》图书，Hwa-eom雕塑是最高的佛教雕塑之一，2003年

7.《Message in a Bottle》（瓶中信）图书，2004年

8.《The Phaidon Atlas of Contemporary World Architecture》（费顿当代世界建筑图集）图书，2004年

9.《Art and Cook: Love Food, Live Design and Dream Art》（艺术和烹饪：爱食物，生动的设计，梦想艺术）图书，2004年

10.《Dream Design》（梦想设计）图书，2004年

1

2

多种多样

1. 马塞尔·杜尚的作品，盒子，1934年
2. 提供了不同的杂志编辑体验，包括CD和每期不同的主题，1993年
3. 重新使用了坂本龙一在戏剧中使用的材料，图书，1999年
4. 一个关于被拒绝的作品的展览，作品被包装在垃圾袋里，2002年
5. 磁带和DVD被装进印有牛肉图案的套子中，然后与泡沫盘子一起塑封起来，2002年
6. 二合一便携式办公记事本，拉开连接用的纸板就可以轻松分开，2004年
7. 容纳了有关建筑师扎哈·哈迪德的多个作品和草图的图书包装，2004年
8. 限量版毕业生作品目录册，2006年

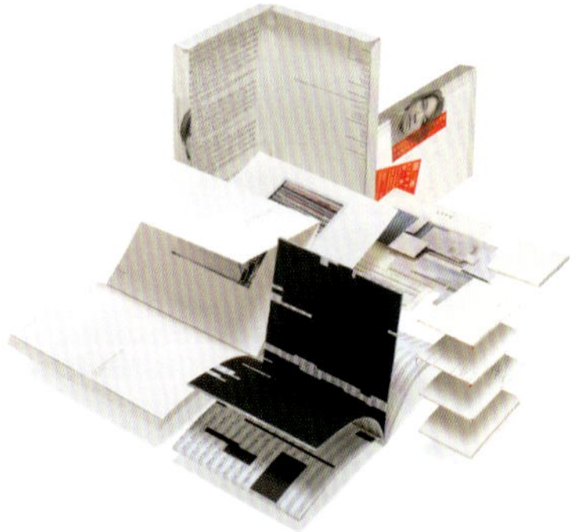

3

4

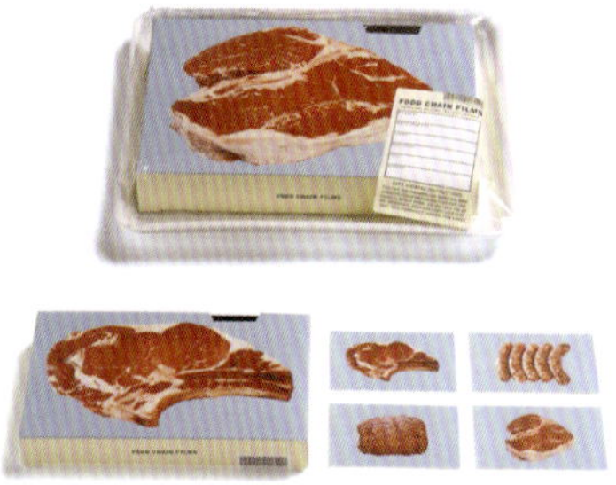

5

6

7

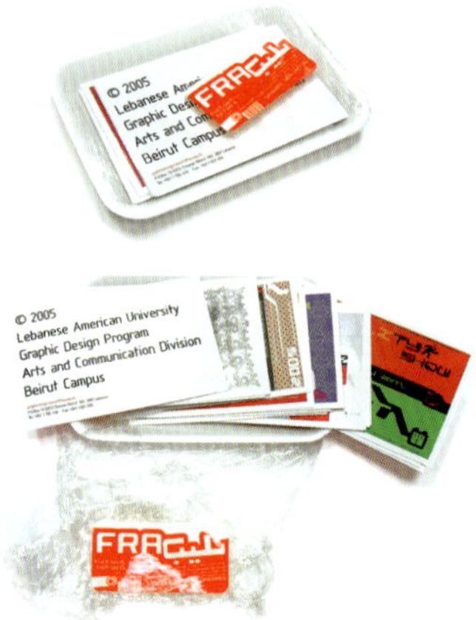

8

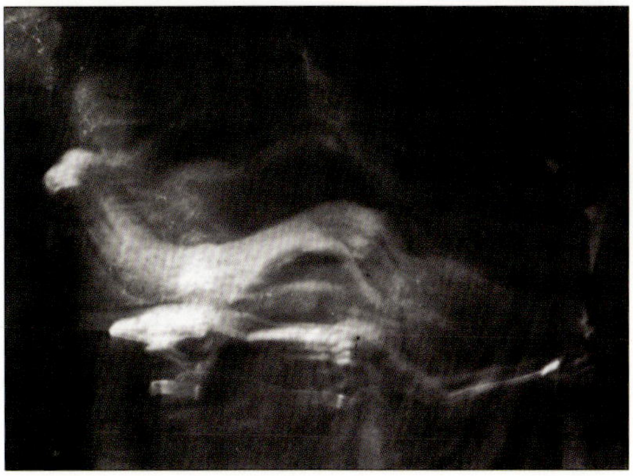

1

2

3

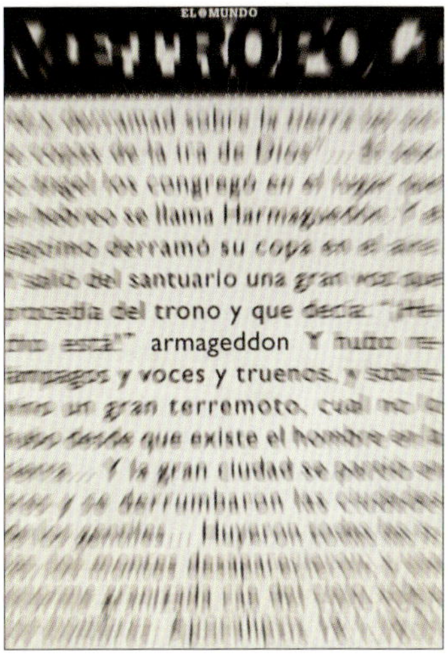

4

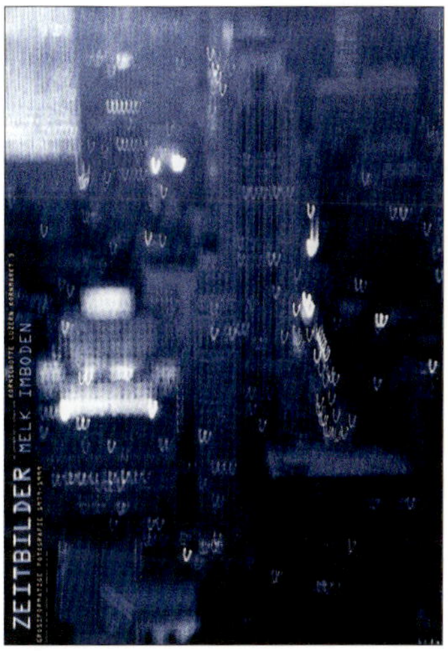

5

6

图像运动

1. Hand in Movement（运动中的手），光动力学，1911年
2. Marquise Casati银盐黑白照片，1922年
3. Pelikan墨水广告，黑影照片，1924年
4.《Metropoli》（大都市）杂志封面，1998年
5. Melchior Imboden摄影展海报，1999年
6. 欧盟文化项目海报，2000年

1

2

3

4

色彩运动

1.《Movement in Space》（空间运动）绘画，1918年
2. Monze（蒙扎F1赛事）平版印刷海报，1970年
3.《Waste Painting》（浪费的颜料）绘画，1998年
4. 封面为抽象插画的一系列图书，1999年

《反书》

设计师：Francisca Prieto

就在设计师们长期采用将二维纸面制作出三维效果的创作手法去迷惑观众时，他们自己也开始利用纸张工程的特性，将纸张制作成真正的空间实物，而立体书就是最常见的一种形式。92岁的诺尔·帕拉（Nicanor Parra）是一位数学和物理学教授，在存在主义哲学的影响下，他一生都在写诗。他把自己的作品称为antipoetry（反诗），因为它与传统诗歌背道而驰。由于受到了帕拉和本国语言的灵感启发，Prieto为《反书》创作的解构式设计遵循了对折纸来说非常重要的数学原理，从而使这本书横跨艺术和应用两个领域，增加了趣味性和可读性。

作为信息容器，一本书必须要以最恰当的方式来呈现这一信息。出于某个特定的目的，人们按照一定的顺序将书页放在一起。但是，Prieto解释说：“一本书有着不容忽视的情感和智力价值。一本书的真正价值在于深刻地理解它，并掌握其精髓。因此，一本书的每一个部分，例如形状和材料、类型和空间等，都应被看做与设计中的其他部分相互关联。”就本项目而言，基本页面的水平格式来源于打破诗歌传统垂直格式的想法，而24面体的形状则是一种“备选的装订方式”。Prieto将书页作为一种结构，通过折叠方式相同的页面互锁，创造出一种模块化的折纸形状。

折纸非常重要，因为它在形状的创作中采用了单纯的数学原则。Prieto解释说：“我可以将书页的折叠线用做网格，而这些网格决定着我在书页上放置文本的方式。”为了证明网格和书的最后形状（24面体）之间的关系，Prieto还制作了一本采用普通装订方式的传统书，其中包含了相同的页面和信息，呈现了信息的排列方式。

互动的图书设计

折纸的艺术

交互式设计

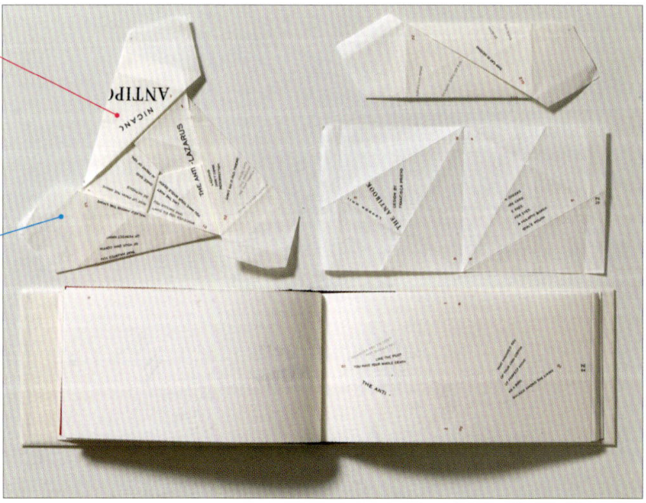

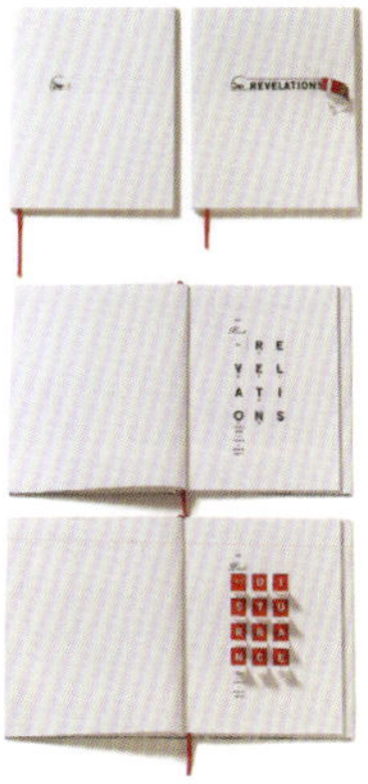

1

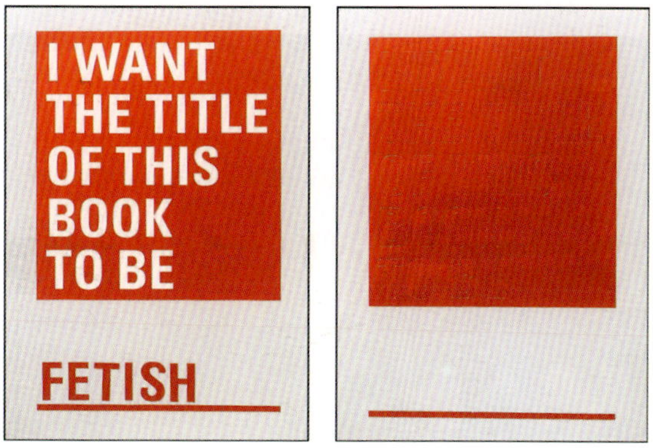

2

3

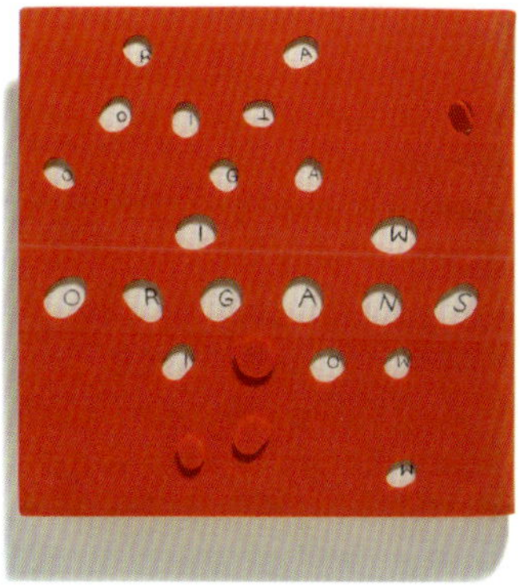

4

5

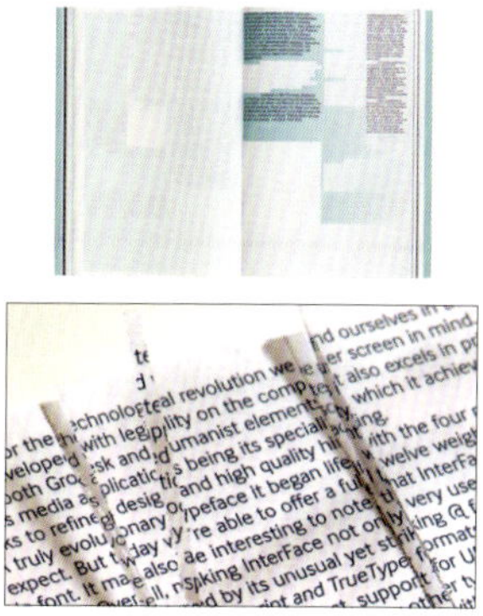

6

7

8

9

互动的图书设计

1.《Revelations》（启示）图书，撕开封面上的标签可以看到书名，这一设计在内文中再次出现，2001年
2.《I Want the Title of This Book to Be》（我希望这本书的书名是）图书护封，将模切的带粘性的字母撕下来，粘贴在下面的线上，可以创造自己想要的标题，2001年
3. 将海报进行裁切后可以制作成珍藏本《秃头歌女》的缩小版，2001年
4. 将模切的海绵移走可以看到字母，混合媒介图书，2001年
5. 图书封面中藏着种子，浇水后就可以长出“草丛”，2003年
6. 在轻巧的纸张上，每一页都设计了一系列基于版面网格系统的穿孔的文字条，2004年
7. 约翰·霍普金斯电影节海报，可以制作成手翻书，2004年
8. 将每页的顶角折向书脊，折口处会出现字母组成“think wrong”（想错了），2004年
9. 按照标记将每页折叠起来，就会形成如图的纸张雕塑，2004年

1

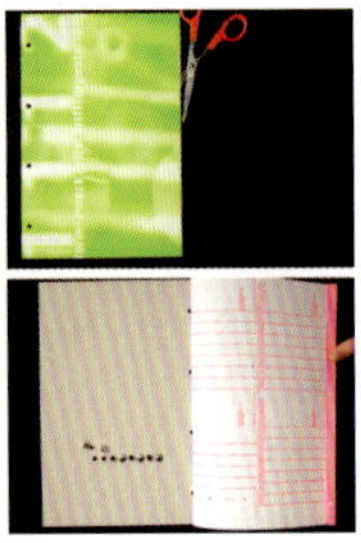

2

互动的图书设计

1. 将封面上模切的部分移走，就会呈现出如建筑物上的窗户的感觉，2000年
2. 关于循环再用主题的没有装订的杂志，鼓励读者自己装订，1995年

1

2

折纸的艺术

1.《Vanity Fair》（名利场）杂志封面，一种是非常胖的山姆大叔，一种是非常瘦的，1935年
2. 俱乐部传单，1995年
3. Masami Design的名片，2001年
4. 纸质餐具，2001年
5. 经过裁切和粘贴，可以制作出一个三维的设计师的形象，2002年
6. 运用这张海报可以制作一台电影摄像机的模型，2003年
7. 根据海报上的指示可以将海报制作成一个垃圾桶，2004年
8. 信笺可以制作成纸帽子、纸飞机和卡片夹，2004年

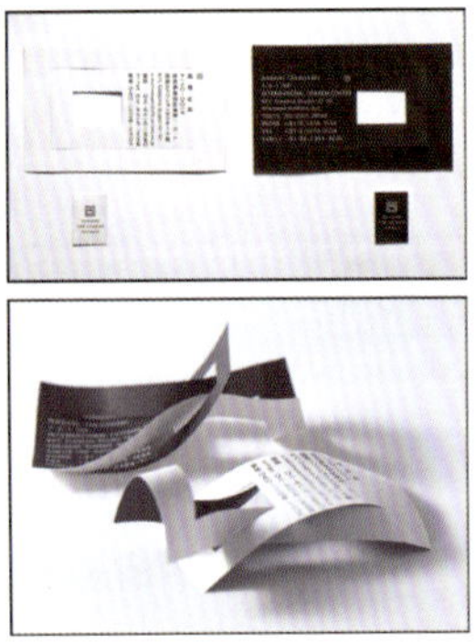

3

4

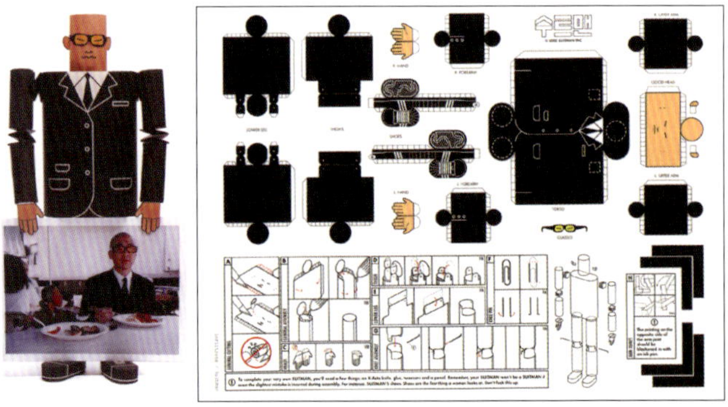

5

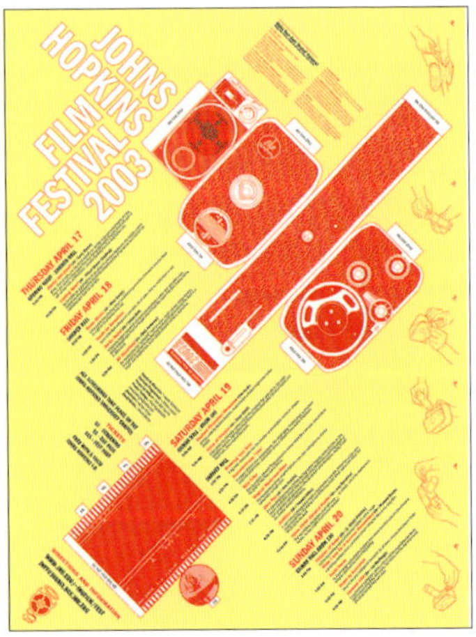

6

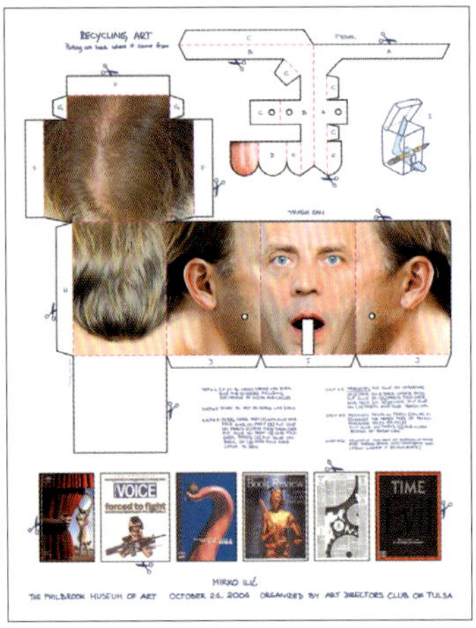

7

8

1

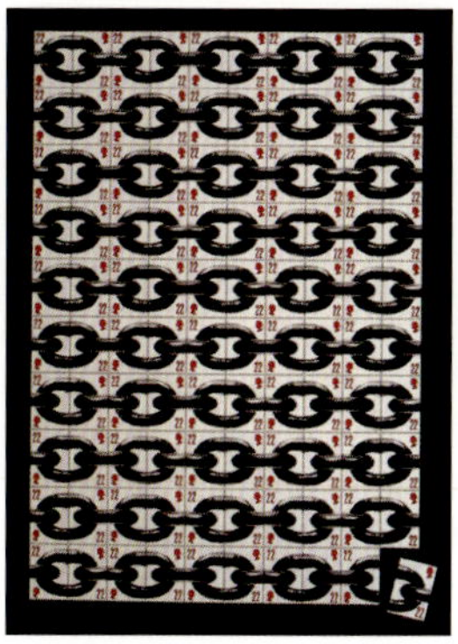

2

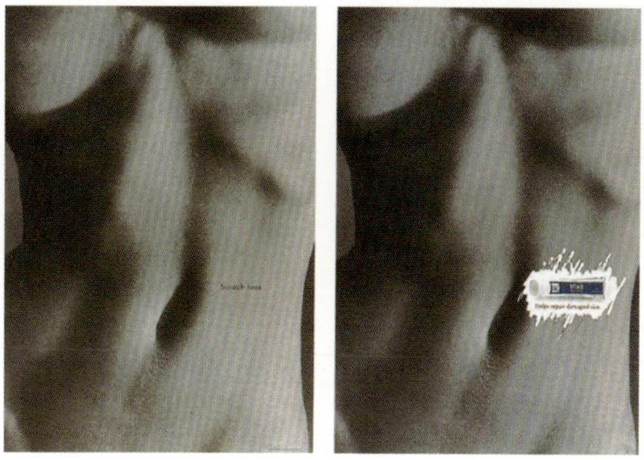

3

4

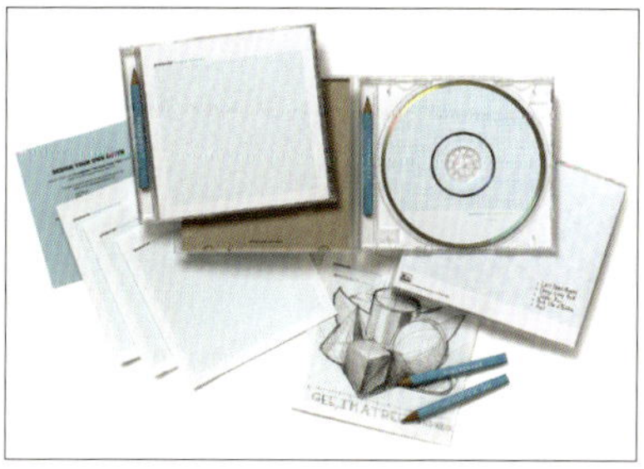

5

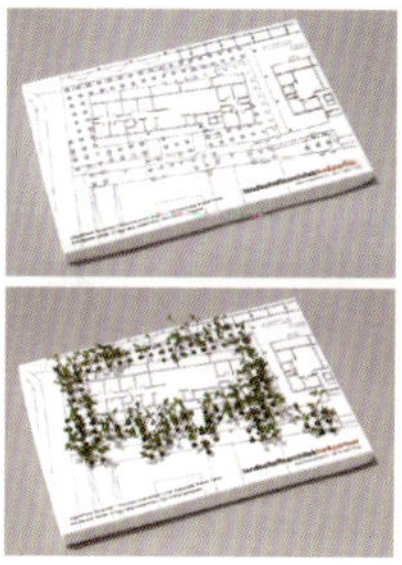

6

7

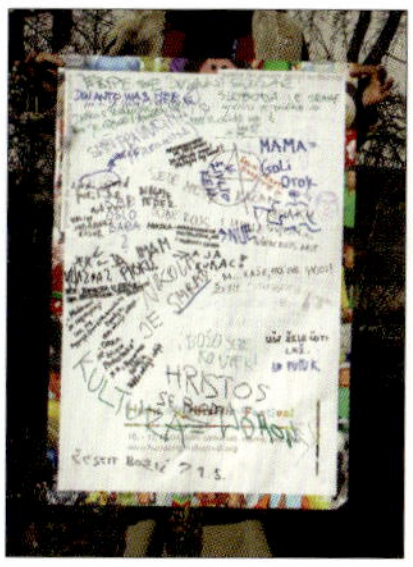

8

9

交互式设计

1. Do it Yourself: Flowers（自己制作：鲜花）绘画，1962年
2. Freedom（自由）邮票，1991年
3. 刮开图像显示出讲述产品特性的文字“帮助修复受损的肌肤”，广告，1998年
4. 每一期提出一份问卷调查，下一期揭示调查结果，2000年
5. Pinebender《Too Good to Be True》（太好了，反倒不真实）专辑的CD封面，2002年
6. 景观建筑公司的直投邮件，浇水后就可以在规划图上长出植物，2003年
7. Fruit and Veg Stamps（水果和蔬菜邮票），10种带粘性的邮票可以与下面的任何附件结合使用，2003年
8. 人权电影节海报，为人们预留了空白处发表意见，2004年
9.《Secret Love》（秘密的爱）专辑的CD封面，2004年

行动或者忘却

设计师：施德明

近年来，广告牌已经成为艺术和设计作品重要的集散地。从“破坏广告”——被丑化或窜改的广告牌，到“游击广告”——租用广告牌，这种现在用于个人和社会任务的大众传播空间无处不在。施德明曾对这种将传统媒体用于非传统目的的做法进行过嘲讽，他推出过系列作品，以宣言的形式表现一系列名言警句，其中之一是“Complaining is silly, either act or forget”（抱怨是愚蠢的，行动或者忘却）。施德明为这句名言制作了一个广告牌，矗立在葡萄牙里斯本市，后来又以摄影的方式记录下来。

施德明希望这个庞大的广告牌即便不能使人完全理解它的意义，至少也能激起路人看第二眼的兴趣。当然，在一个城镇广场表现这种“沉思冥想”时，设计师需要借鉴许多传统方式，如街头演说、壁画、宣传册和海报剪贴等，这都是一些简单的吸引人们注意力的方式。电子邮件和互联网改变了人们的参与规则，但对艺术家、设计师和好奇的观众来说，真实空间中的这种表达仍是独具魅力的。

如今，视觉大师们将同样的方法用于商业促销和营销中，利用任何可用的表面来悬挂、绘制或印刷信息。有些广告牌专门用于唤醒大众的意识，而有些只是表达一种微妙而不寻常的事物。这里体现的是艺术和宣传之间的关系。在这个例子中，施德明以一种单纯的技法来突出所谓的“宣传艺术”。整个表面采用新闻纸制成，上面印有纷乱的树叶图案，当在里斯本的阳光下暴晒后，一切都会变黄并逐渐褪色变淡。从严格意义上讲，阳光也参与了最后的创作。

获得令人称奇的效果是每一位广告牌设计师的目标。随着电脑成为大众和私人信息的主要传播工具，只有令人称奇的广告牌设计才能引起人们的共鸣。施德明实践的正是他一直在宣扬的看法，即创作和张贴的行为可确保信息不会被遗忘。

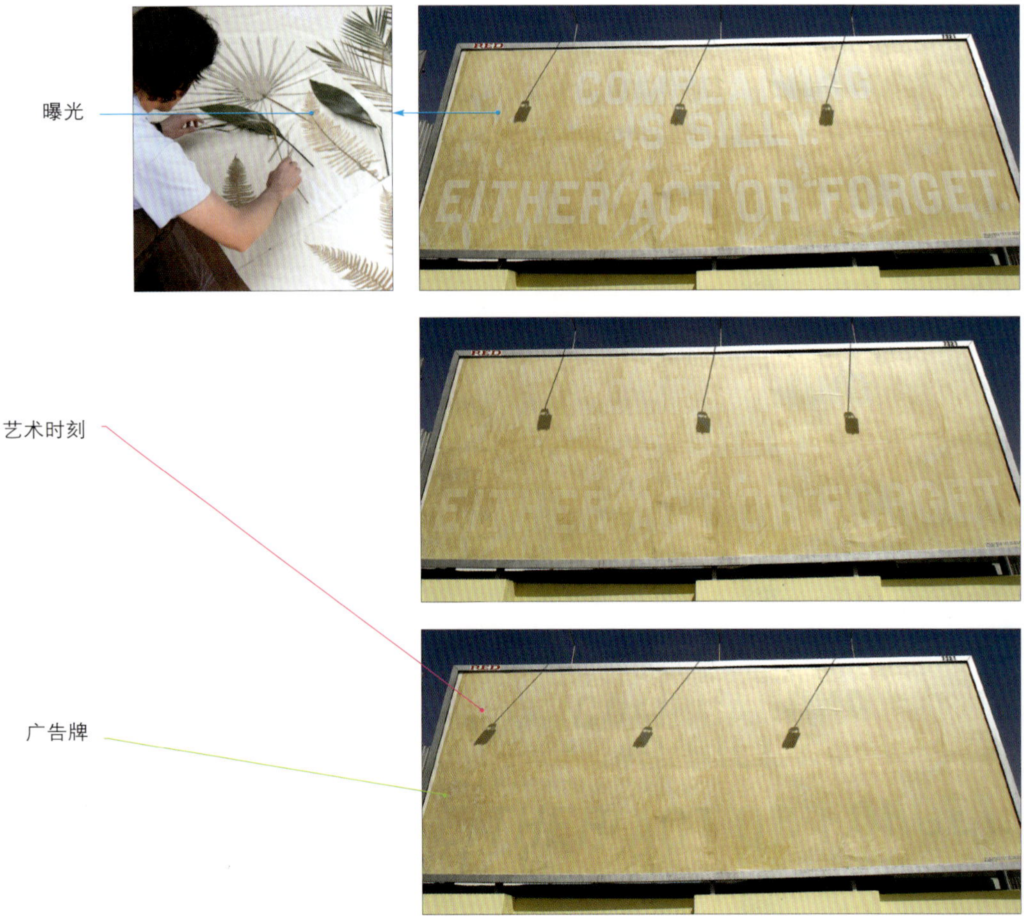

1

2

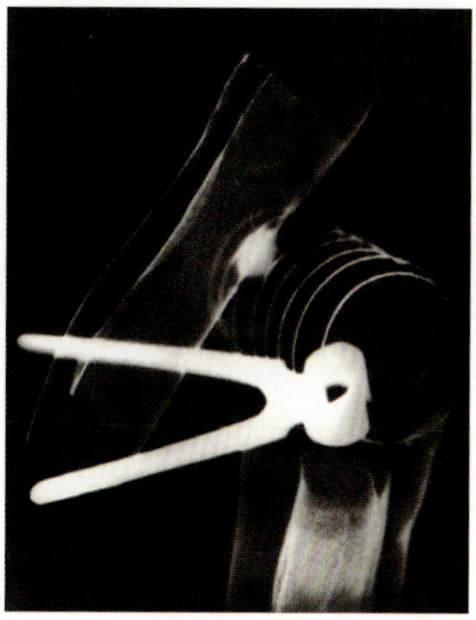

3

4

5

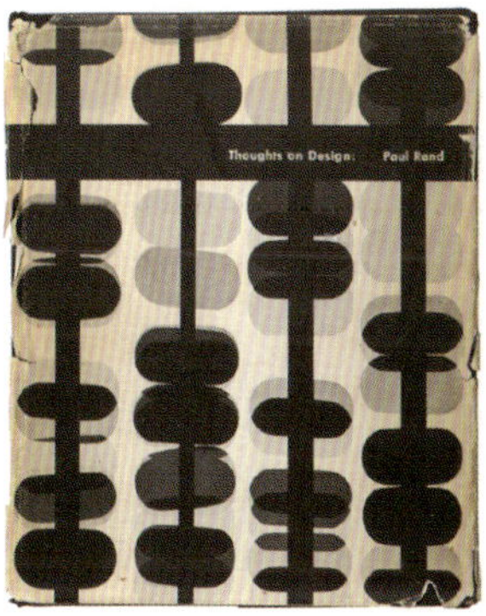

6

7

8

9

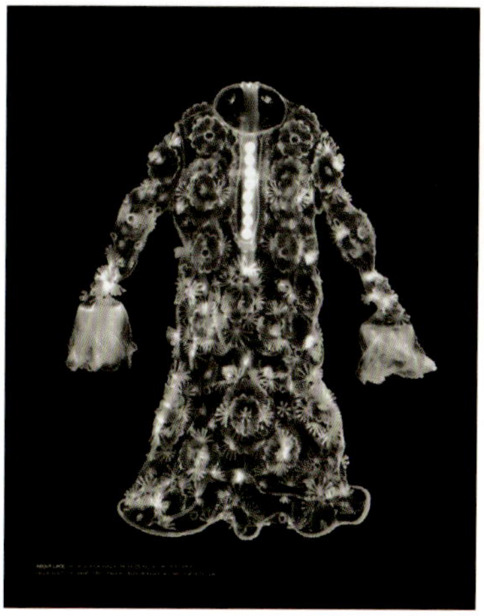

10

曝光

1. 将鲜花放在相纸和一片玻璃之间，然后曝光感光胶片，以此制造出了黑影照片，1839年
2. 晒蓝图，1851~1854年
3. Composition with Pliers and Spirals（钳子和螺旋线的构图）黑影照片，1929年
4. Balance（平衡）黑影照片，1929~1930年
5. Osram（欧司朗公司）广告照片，1935年
6. 《Thoughts on Design》（关于设计的思考）图书护封，1946年
7. Art from the Low Countries（来自低地国家的艺术）海报，1949年
8. 苏黎世音乐协会音乐会节目表，1955~1956年
9. 《Photo Insider》杂志跨页，2002年
10. Lace Me Up, Lace Me Down杂志跨页，2006年

1

2

3

4

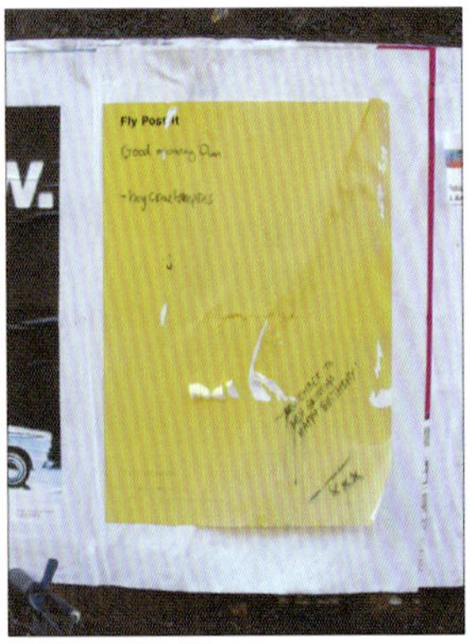

5

6

7

8

9

10

艺术时刻

1. Catcher In the Rye（麦田守望者）纸巾盒，1998年
2. ABC电视台的沙画，由定制的机器将信息制作到沙滩上，1999年
3. 由云彩构成的图像，2002年
4. This Island is 50% Sand（这座岛50%是沙子），模板，2002~2003年
5. 只有海报的顶端被粘贴在墙上，鼓励观者绘制图像、留下信息，2003年
6. 卫生纸，2004年
7. 条码88091136，由鹅卵石和草构成，2004年
8. The Life Cycle of Litter（废弃物的生命周期）海报，2004年
9. 周边媒体竞赛，2004年
10. Blood Collection Suffers During the Rainy Season（献血活动受到了雨季的影响）海报，2004年

1

2

艺术时刻

1. Art and Light（艺术与光）日历，1987年

2. Picasso Painting with Light（用光作画的毕加索）摄影，1950年

1

2

3

4

5

6

广告牌

1. Fly（飞），位于里士满的广告牌，1966年
2. Most Art Says Nothing to Most People（大部分艺术对大部分人没有讲述什么）广告牌，1991年
3. Hi（嗨）高速公路广告牌，1998~1999年
4. AZAR-RAZA（竞赛）广告牌，2000年
5. Concrete or Visual Poetry（具体诗或者视觉诗）广告牌，2004年
6. An Unoccupied Space（没被占用的空间）摄影，2005年

新闻周刊《L’Espresso》

设计师：Massimo Verrone, Lowe Pirella Agency

“发现所有你平时看不到的东西”是意大利新闻周刊《L’Espresso》在广告活动中曾经使用过的一句口号。对于一本以发掘幕后新闻故事而知名的杂志来说，这句口号并无过人之处。将这些文字像烙印一样印在公众意识中的是文字旁边那些令人吃惊的图片。

每幅整页或跨页广告上都有一幅文艺复兴时期的著名油画，这些油画看起来就像放在一台X光机下面一样。然而，它显示的并非是我们平时为了修复画作而将画作暴露在X光下所看到的底层色或图像，相反，展现在我们眼前的是一副精确的人体骨骼，画中人物好像真地有血有肉一样。

这些图片因为怪异和美丽而非常吸引人，原因在于大多数人总是会为透明的物体，尤其是骨骼所吸引。无论穿着盛装的我们看起来是漂亮或是普通，皮肤是光洁还是有疤痕，一旦退为骨骼，每个人的基本构造都是相同的。这些广告似乎就想说明在所有艺术和技法的背后，就像画像中这些圣徒、圣母、受难者和天使一样，全部也都是由相同的基本构造组成的。因此，无论这些画作在X光下看起来有多么怪异，人们还是要将其视为艺术品来欣赏，而且X光在一定程度上还为这些著名油画注入了现代气息。不过，为了避免观众不理解这种构思或从未见过原作品，设计师在底部还印制了原画的小型仿制品。

这次设计之所以大获成功，除了文字与图片的巧妙结合之外，普通观众对颅骨着迷也是原因之一。尽管在恐怖电影的海报中和平装书的封面上，颅骨总是显得阴森神秘，但它并非完全奇异古怪，相反，通过这次的广告，我们甚至发现它拥有一种令人称奇的对称美。

大师作品

X 射线

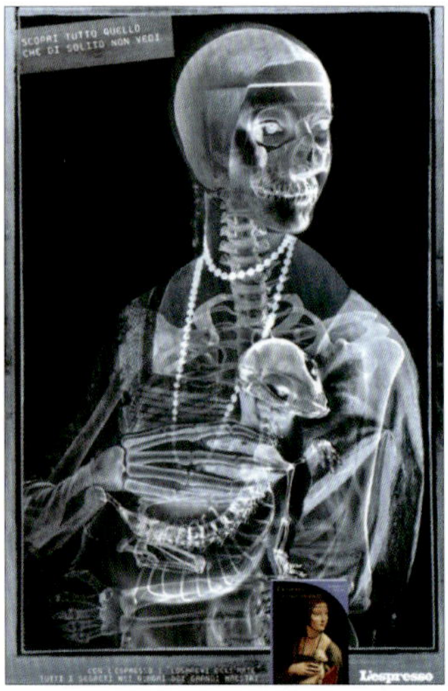

头骨

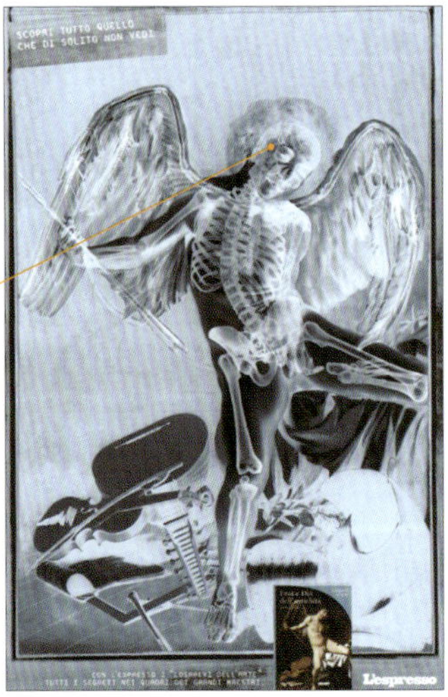

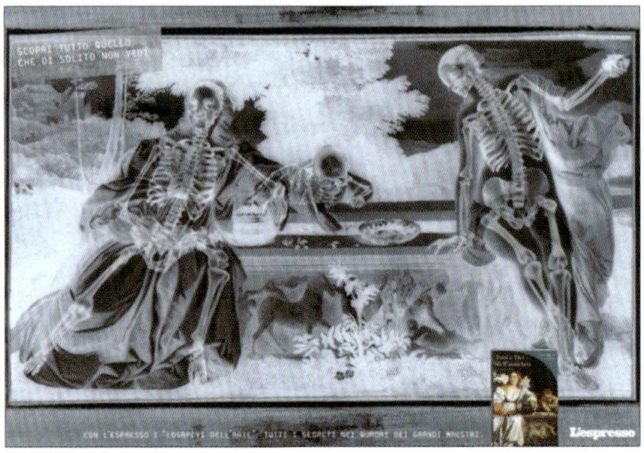

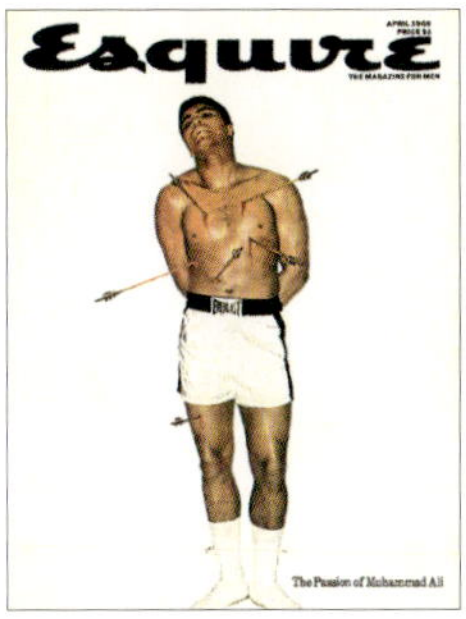

1

2

3

4

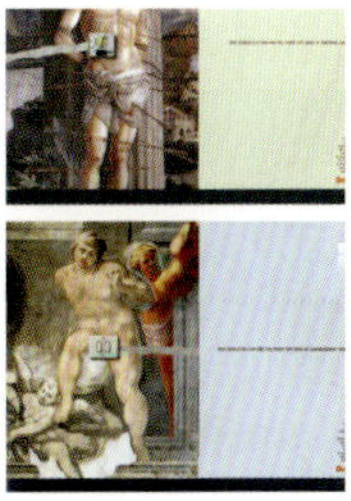

5

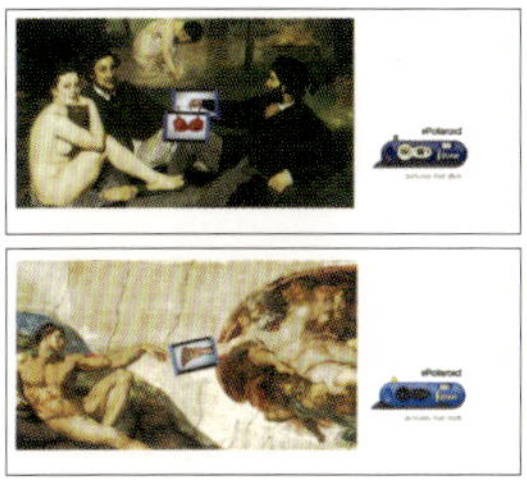

6

7

8

9

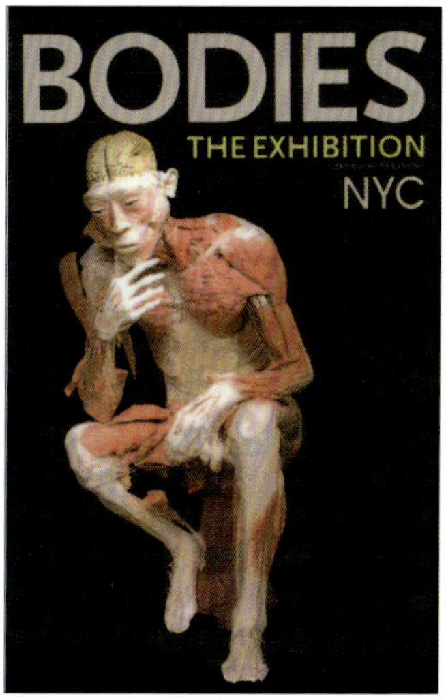

10

大师作品

1. The Passion of Muhammad Ali（拳王阿里受难记）杂志封面，1968年
2. La Pub Tue海报，1991年
3. Thanks, But I Already Know（谢谢，但是我已经知道了）广告，2000年
4. Wherever there's LG, you'll want to be there（哪里有LG电器，你就希望呆在哪里）广告，2001年
5. Domus Tech广告，2002年
6. Polaroid（宝丽来公司）广告，2002年
7. 为了庆祝《Sports Illustrated》（体育画报）50周年，这幅作品将过去半个世纪的体育盛事体现在跨页中，2004年
8. Free Bus Service（免费公交）广告，2004年
9. For Colors That Stay（不褪色）广告，2004年
10. Bodies（身体）展览海报，2006年

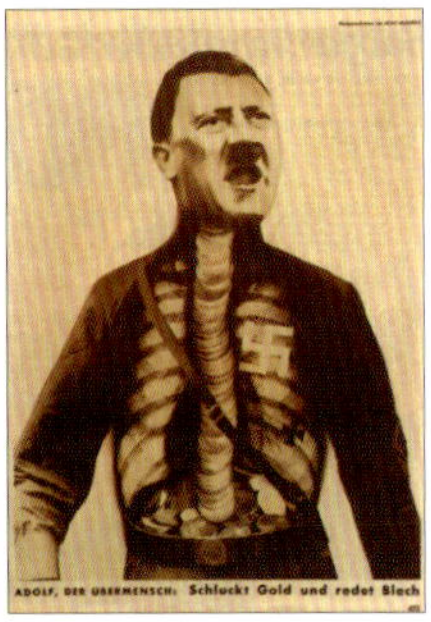

1

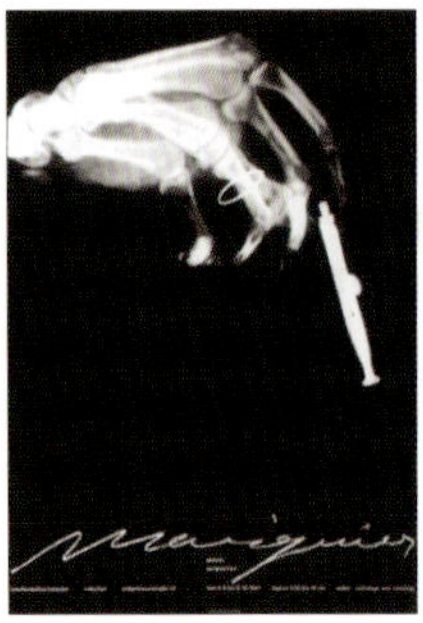

2

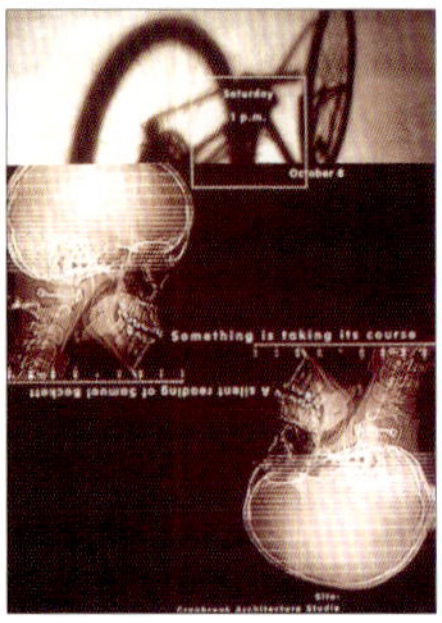

3

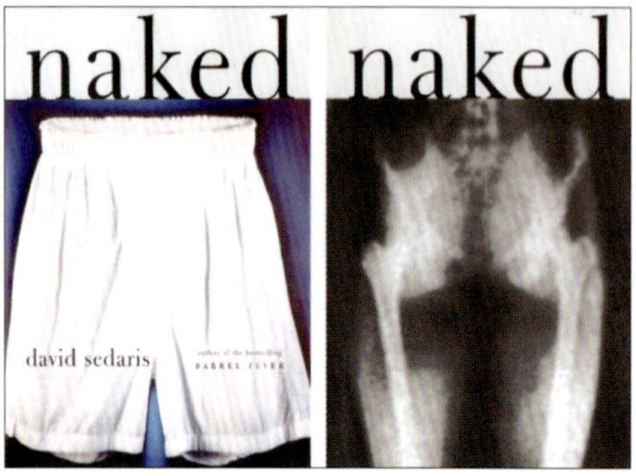

4

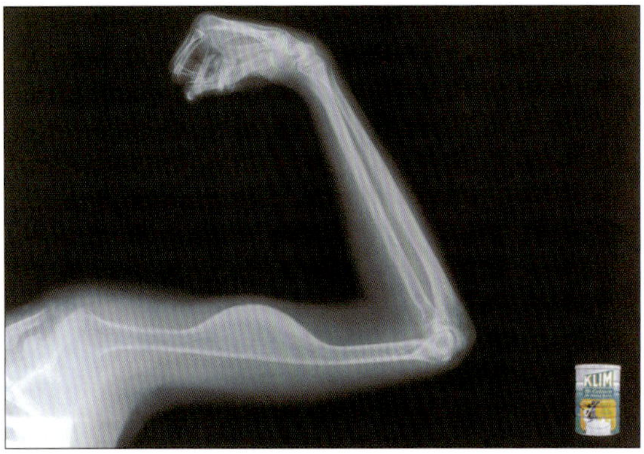

5

6

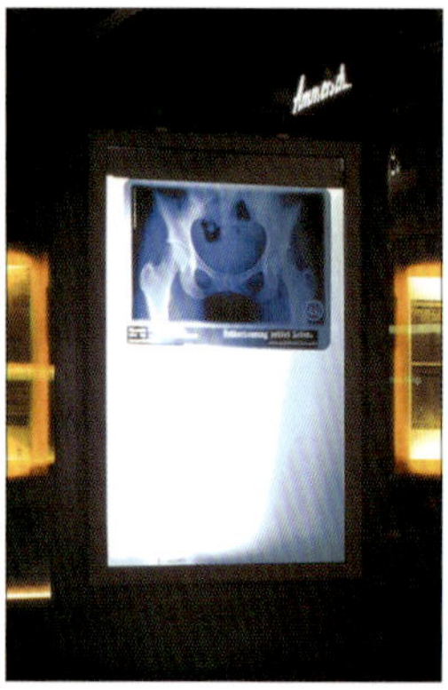

7

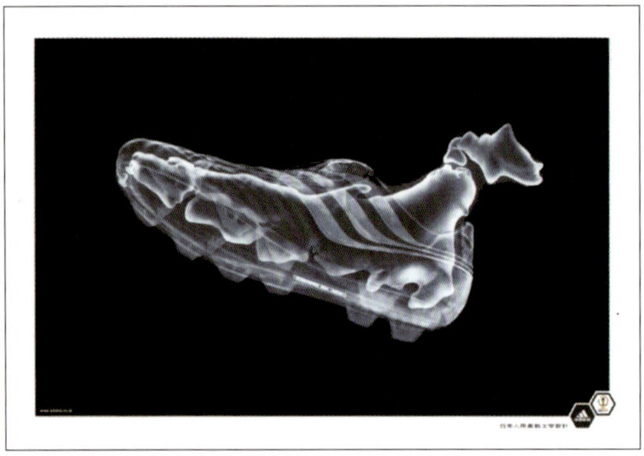

8

9

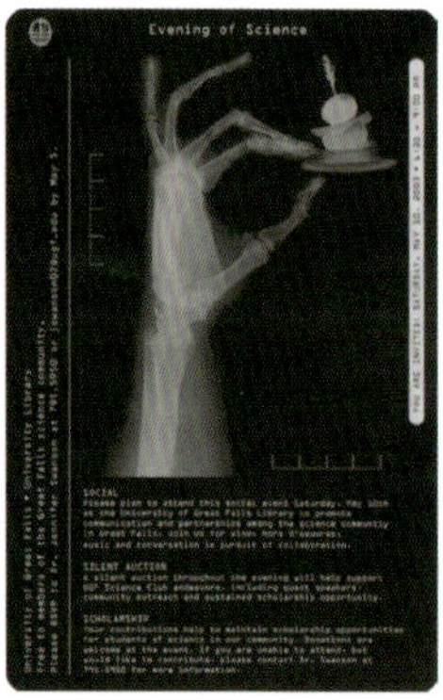

10

X射线

1. Adolf, the Superman: Swallows Gold and Spouts Junk（阿道夫，超人：吞下了金币和垃圾）摄影蒙太奇，1932年
2. Mavignier（马威格尼尔）海报，1967年
3. Beckett（塞缪尔·贝克特）戏剧表演海报，1995年
4. 《Naked》（裸露）图书封面，1997年
5. Muscle Bone（肌肉骨骼）广告，1998年
6. The Best Doctors in NY（纽约最好的医生们）杂志封面，1999年
7. Ammersch广告，2000年
8. 阿迪达斯广告，2001年
9. Not Much Has Changed in System That Failed（在一个失败的系统中，并不是很多人都发生了变化）报纸文章，2002年
10. Evening of Science（科学之夜）邀请卡，2003年

1

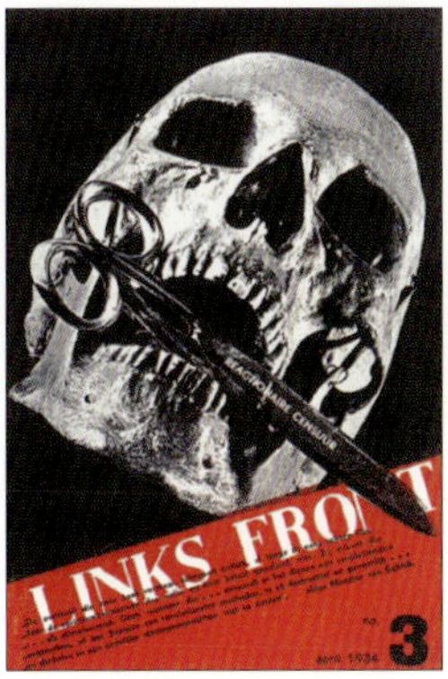

2

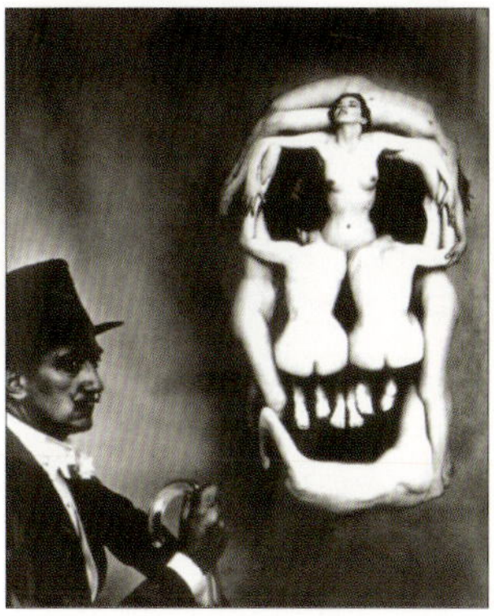

3

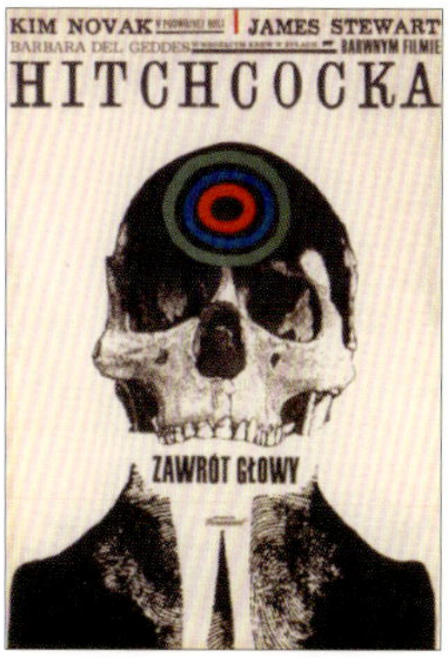

4

5

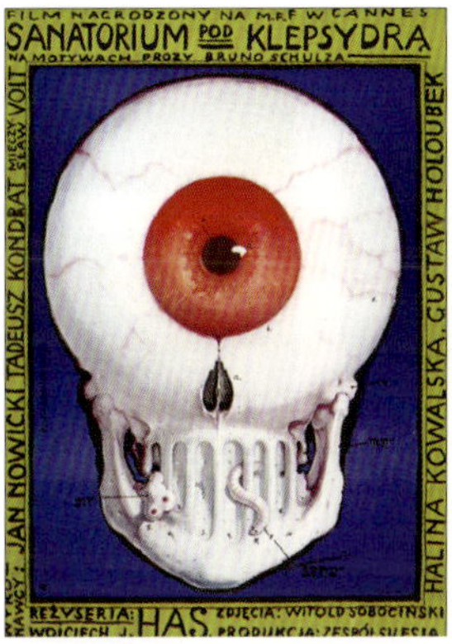

6

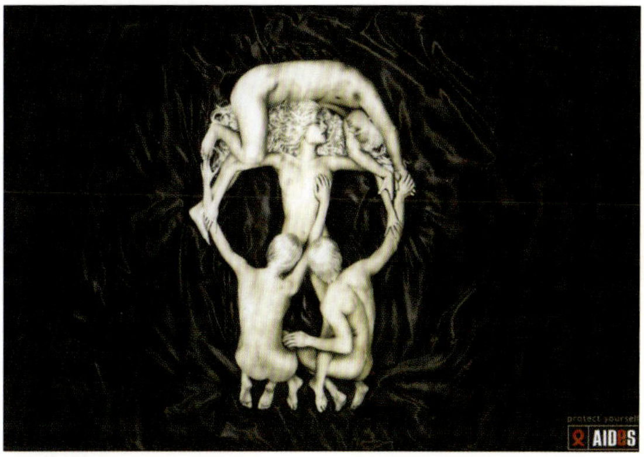

7

8

9

10

头骨

1.《All Is Vanity》（凡事都是虚空）绘画，1892年
2. 杂志封面，这幅插图表明了监察官给反对派“封口”，1934年
3. 摄影作品，1944年
4. Hitchcocka（希区柯克）电影海报，1963年
5. Grateful Dead乐队的海报，1966年
6.《Sanatorium pod Klepsydra》（砂制时镜下的疗养院）电影海报，1973年
7. 防治艾滋病的广告，2002年
8. 毒药香水广告，2002年
9. 《Alone in the Dark》（孤胆义侠）电影海报，2005年
10.《The Descent》（黑暗侵袭）电影海报，2005年

《童魇》

导演：David Cronenberg

所有的广告种类都充满着恼人的陈旧题材。这是因为视觉暗示越为人们所熟悉，消费者的反应就会越迅速。只要认知和行为相互关联，并且重复刺激能够产生可预知的反应，广告人就会沿用这一规则。当某个特殊暗示不再能激发认知时，另一个陈旧题材就会取而代之。这就是广告的生命周期。

电影海报也许最应该感谢那些久经时间考验的图形模式，它的标准操作程序就是提供大量的信息——明星演员、导演与制片、奖项与提名、评论家的赞誉、片名与图片。设计师要将大量的信息压缩进一个有限的空间内。我们以《童魇》的海报为例，这是一部由大卫·柯南伯格于2002年执导的惊悚片。海报上有许多层叠的画面，包括仿旧的纸面背景、一个高对比度的明星剪影、用潦草的字体书写的片名和一个伫立街头的背影，而这样的画面每一个都能在其他海报中看到。

在电影海报中，剪影可以表现情感、戏剧性和神秘的信息。在《童魇》的海报中，剪影暗示着故事主人公在混乱思维下行为的复杂性。在描述混乱的思维时，采用一个从头部发散出的某种东西的侧影一定不会错。

而一个伫立在舞台街灯下或月光中具有象征性的人物背影是恐怖片和惊悚片中常用的另一个象征手法。一个孤独的陌生人窥视充满危险的未知世界，这种画面会自然而然地引发人们的不安，因而激起强烈的反响。在《童魇》的海报中，高对比度的画面暗示着濒临疯狂的思想。由于为人们熟知，所以它的表现效果非常理想。

然而，最值得一提的是用潦草的字体书写的片名。这种手法是由卡尔·库珀（Kyle Cooper）为一部惊险片设计片名时首次使用的。在那部影片中，一个连环杀手为他的每一次谋杀制作了一个剪贴簿，其中包括一些用刀片割下的皮肤碎片，这就是采用这种字体的灵感来源。自此，这种看似用钝刀片或尖指甲刮出的字体开始成为恐怖片或惊悚片常用的字体。后来，专门用来仿造旧照片和插图的刮痕也成为表现恐怖惊悚题材的代名词。

1

2

3

4

5

6

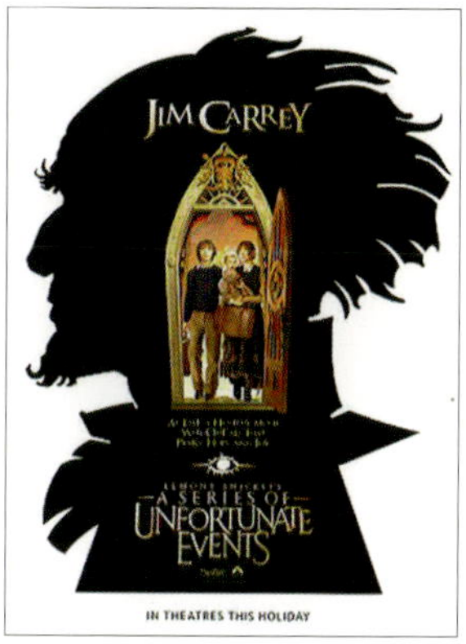

7

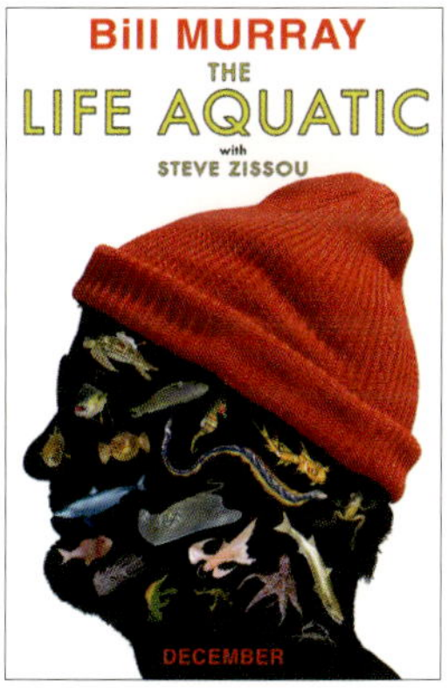

8

9

10

11

头部剪影

1. Portrait of Federico da Montefeltro，被认为是艺术作品中最著名的画像，油画，1465~1466年
2. Distinguished Man with Silhouetted Vest（穿着马甲的优雅男士）剪影，1820年
3. Bob Dylan（鲍勃·迪伦）海报，1966年
4. 《Ragtime》（爵士年代）电影海报，1981年
5. 《Sleeping with the Enemy》（与敌同眠）电影海报，1991年
6. 《G》电影海报，2002年
7. 《Lemony Snicket's A Series of Unfortunate Events》（雷蒙·斯尼奇的不幸历险）电影海报，2004 年
8. 《The Life Aquatic with Steve Zissou》（海海人生）电影海报，2004年
9. 《The Passion Recut》（耶稣受难记）电影海报，2004年
10. 《Diary of a Mad Black Woman》（疯女人日记）电影海报，2005年
11. 《Rock School》（摇滚学校）电影海报，2005年

1

2

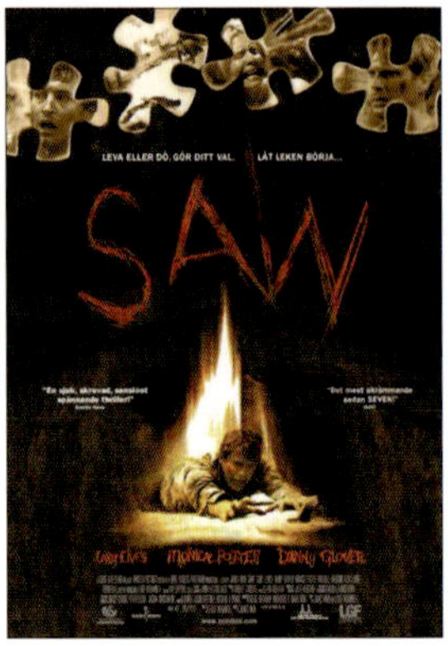

3

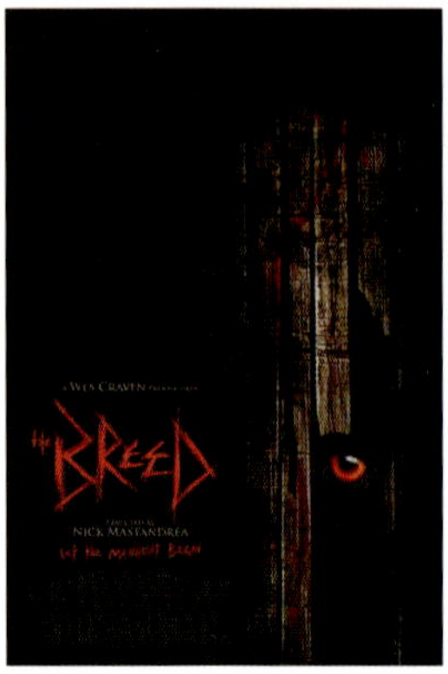

4

刮痕

1.《One Eight Seven》（187美国社会档案）电影海报，1997年
2.《Gothika》（鬼影人）电影海报，2003年
3.《Saw》（电锯惊魂）电影海报，2004年
4.《The Breed》（繁殖）电影海报，2006年

1

2

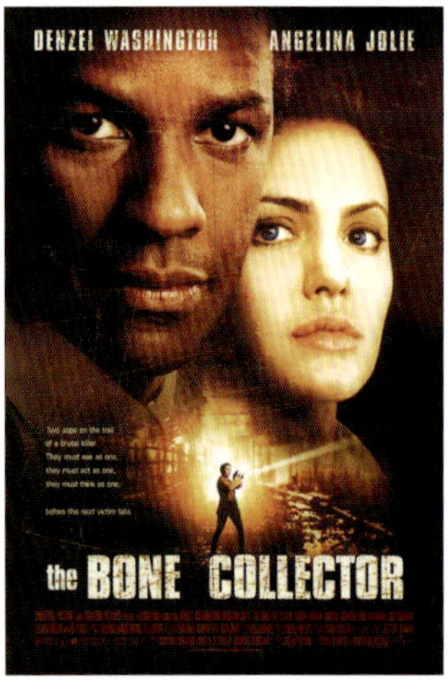

3

4

5

6

7

海报

1.《Dirty Harry》（警探哈里）电影海报，1971年
2.《The Vanishing》（神秘失踪）电影海报，1993年
3.《The Bone Collector》（人骨拼图）电影海报，1999年
4.《Unbreakable》（不死劫）电影海报，2000年
5.《Along Came a Spider》（蛛丝马迹）电影海报，2001年
6.《House of Sand and Fog》（尘雾家园）电影海报，2003年
7.《Running Scared》（夺命枪火）电影海报，2006年

1

2

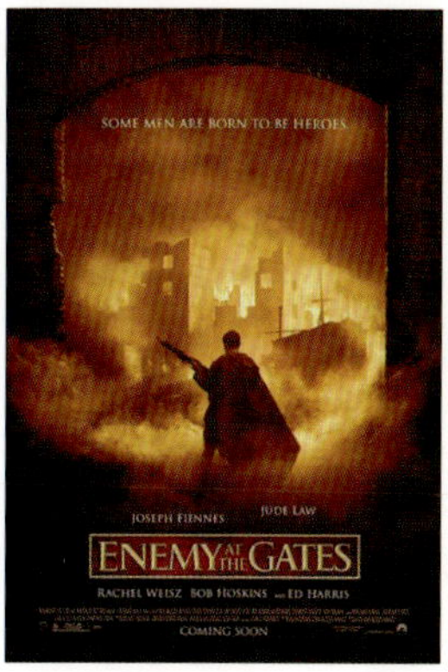

3

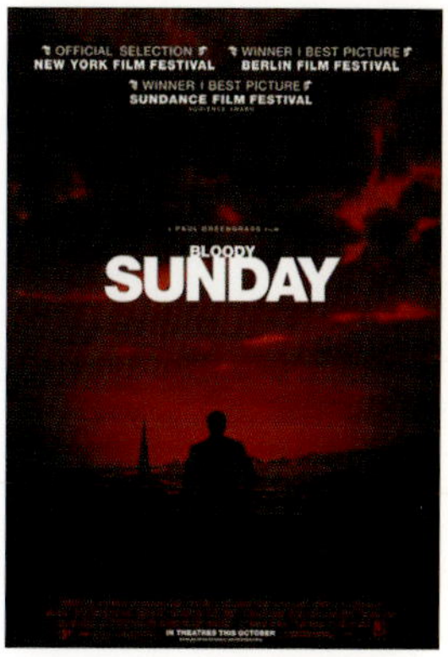

4

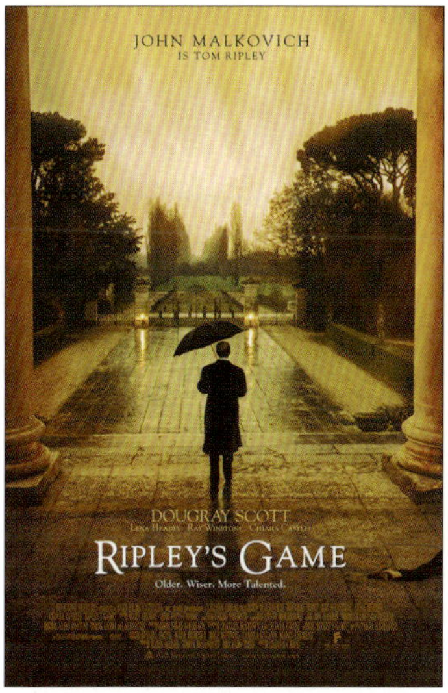

5

6

7

8

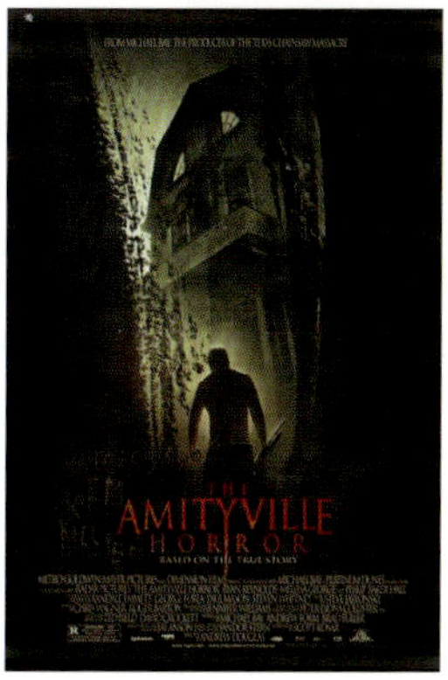

9

10

11

背影

1.《The Exorcist》（驱魔人）电影海报，1973年
2.《Backdraft》（烈火雄心）电影海报，1991年
3.《Enemy at the Gates》（兵临城下）电影海报，2001年
4.《Bloody Sunday》（血色星期天）电影海报，2002年
5.《Ripley's Game》（魔鬼雷普利）电影海报，2003年
6.《Time of the Wolf》（狼族时代）电影海报，2003年
7.《Godsend》（天赐）电影海报，2004年
8.《Man Thing》（类人体）电影海报，2005年
9.《The Amityville Horror》（鬼哭神嚎）电影海报，2005年
10.《Madison》（麦迪逊）电影海报，2005年
11.《Akeelah and the Bee》（阿基拉和拼字比赛）电影海报，2006年

致　谢

若说这本书的汇编、设计和制作是一件繁浩的工作，那这种说法实在是有些轻描淡写了。在整个项目中，最轻松的部分就是构思前提。在当时看来，通过过去和现在的历史展示一件设计作品的形成过程，这似乎是一个很不错的创意，就连剖析作品，揭示其特色或要素来源在当时看来也似乎非常可行。但可以说，一旦着手项目，我们就发现其中有一个、两个，甚至三个以上的历史性关联，这本书因而也就成为一部鸿篇巨制。

发现作品中各种复杂的视觉和情境关联是件非常有趣的事情，但要从 2000 多个例子中找到每一个关联，其繁琐程度令人难以置信。例如，按目录分类、相互参照、做标记、加文字说明等等，工作量之大远远超出预期。我们讲这些并非是在为自己找借口，也不是想博取读者的同情，而是说明我们致谢的缘由。

我们对以下人员表示诚挚的感谢：

首先感谢我们的编辑 Kristin Ellison，她也是项目自始至终的主要支持者，没有她的督促，这本书不可能制作完成。

感谢 Ribal Al-Rayess、Eric Anderson、Kristin Casaletto、Neven Kissenpfennig、Dejan Krsic、Jee-eun Lee、Marija Miljkovic、Luka Mjeda、Masayo Nai、Clinton Shaner、Iva Simcic、Lisa Sugahara、Jessica Taylor以及诸位设计人员、助理、研究员和图片搜集人员，正是由于他们不分昼夜，放弃周末和节假日，连日以来的辛勤工作，本书才得以成形。

感谢 Rockport 发行人 Winnie Prentiss 的耐心和善意，以及 Rockport 其他工作人员 Barbara States、Rochelle Bourgault 和 Regina Grenier 的大力协助。

还要感谢书中提到的众多设计师，绘图、排版设计和摄影人员的支持和关注，没有他们，也就没有这本书。

最后，还要特别感谢 der Muhlen 的 Tomo Johannes 和 Daniel Young 的大力支持。